Suplemento a

Introducción a la física de átomos y moléculas

Ejercicios y sus soluciones

Francisco Blanco Ramos

Departamento de Estructura de la Materia, Física Térmica y Electrónica
Facultad de Ciencias Físicas, Universidad Complutense de Madrid

Imagen de cubierta: Armónicos esféricos y diagramas de Jablonsky, con los espectros I, II y III del Si en la región visible como fondo.

ISBN: 9781705575406

Pv3

Índice

Introducción

Este pequeño manual reúne los problemas propuestos en el texto "Introducción a la Física de Átomos y Moléculas", junto con sus soluciones.

Dominar una materia no es sólo entender sus fundamentos y desarrollos, supone hacerla parte de nuestra forma de pensar. Por ello es frecuente tener la sensación de conocer algo que acabamos de estudiar, pero sentirse desorientado al tener que aplicarlo en situaciones prácticas. En mi opinión, la única forma de logar esa formación completa es "entrenarse" resolviendo casos concretos, y por ese motivo una colección de problemas suele ser buen complemento de un libro de texto.

En esa misma línea, los exámenes de esta asignatura en nuestra facultad vienen permitiendo y animando a los estudiantes a utilizar todo tipo de libros, apuntes y colecciones de problemas. Creo que es la mejor forma de valorar si el alumno domina realmente la materia: no necesita recordar ninguna fórmula o receta; pero sólo si la conoce bien sabrá qué aplicar en cada caso, y dónde buscar con tiempo escaso lo que necesite. De hecho esa es la situación que a todos nos plantea la vida real: están a nuestra disposición todas las bibliotecas del mundo, pero sólo quien tiene la formación adecuada sabe rápidamente qué resultados aplicar en cada caso y qué información adicional buscar.

Tener la solución de un problema permite comprobar nuestra respuesta pero, si queremos "que nos enseñe algo", debemos ser un poco disciplinados y nunca mirarla sin antes "luchar" un poco con él. Resolver problemas es una habilidad diferente a la de memorizar resultados (probablemente activa circuitos neuronales diferentes). Por ello cada problema es un entrenamiento "adicional" sólo si hacemos ese pequeño "esfuerzo adicional". Buscar su solución sin siquiera pensar antes "cómo atacarlo", lo convierte en "más teoría" que probablemente ya conocemos, y hace que pierda toda su utilidad como "entrenamiento".

Parte I. Física Atómica

1 Introducción a los átomos polielectrónicos

1.1 Un orbital tiene dos ceros (aparte del origen), comportándose como $R_{nl}(r)=r^3$ para $r\to 0$ y como $P_{nl}(r)=e^{-5r}$ para $r\to\infty$. Determinar su energía de ligadura y números cuánticos nl.

Solución

Para radios grandes, el comportamiento asintótico de las funciones de onda es $P(r)\approx e^{-\sqrt{-2\varepsilon}\,r}$, de modo que en este caso $\sqrt{-2\varepsilon}=5$, y por tanto su energía de ligadura es $\varepsilon=-12.5$ u.a. Para radios pequeños el comportamiento asintótico es $R(r)\approx r^l$, de modo que debe tratarse de $l=3$. Por último el número de ceros de un orbital (aparte del origen) es $n-l-1$, por lo que conocido $l=3$, debe ser $n=6$. Se trata por tanto de un orbital 6f.

1.2 La siguiente tabla proporciona los niveles de energía (medidos en cm^{-1} desde el límite de ionización) para el potasio neutro (K I). Determinar los valores del defecto cuántico (δ_l) que serían necesarios para justificarlos mediante una expresión de Rydberg $\varepsilon_{nl}=-Ry/n^{*2}$. ($n^*=n-\delta_l$ se denomina *número cuántico principal efectivo*).

n \ l	s	p	d	f
3			13 473	
4	35 010	21 986	7 612	6 882
5	13 984	10 296	4 826	4 408
6	7 559	6 007	3 314	3 060
7	4 737	3 936		

Solución

Nótese que los valores dados son energías de ligadura, aunque estén dados como positivos. De la relación $\varepsilon_{nl}=-Ry/(n-\delta_l)^2$ podemos deducir el valor de $\delta_l=n-(109737/\varepsilon_{nl})^{1/2}$ para cada uno (usando el valor de Ry en cm^{-1}). Construyendo con ellos una tabla paralela a la dada, se observa que (como se explicó en teoría) esos valores δ_l apenas dependen de n y sí fuertemente de l.

n \ l	s	p	d	f
3			0,196	
4	2,23	1,77	0,203	0,007
5	2,20	1,74	0.231	0,011
6	2,19	1,73	0,245	0,011
7	2,19	1,72		
$<\delta_l>$	2,20	1,74	0,22	0,010

La última fila de la tabla muestra los valores promedio, que podrían recomendarse a efectos prácticos para cada serie en la fórmula de Rydberg.

1.3 Al calcular numéricamente el orbital menos ligado de cierto átomo neutro en su configuración fundamental, se ha encontrado una función radial P_{nl} con las siguientes características:
    i. Comportamiento $P_{nl}(r) \sim r^2$ cerca del origen
    ii. Dos nodos (además del cero del origen)
    iii. Decaimiento para radios grandes como exp(-0.66r) en unidades atómicas.
    Obténganse las siguientes propiedades:
    a) Los números cuánticos n y l para dicho orbital.
    b) El potencial de ionización del átomo.

Solución
(a) Puesto que cerca del origen $P_{nl}(r) \sim r^{l+1}$, de (i) deducimos $l=1$.
    Puesto que el número de nodos (sin incluir el origen) es $n-l-1$, de (ii) deducimos que $n=4$. Se trata por tanto de un orbital 4p.
(b) Puesto que el comportamiento asintótico para radios grandes es $P(r) \approx e^{-\sqrt{-2\varepsilon}r}$, deducimos que $-2\varepsilon=0,66^2$, y por ello que su energía de ligadura es $\varepsilon=-0,218$u.a.$=-5,93$eV.
    Puesto que nos indican que ese es el orbital menos ligado del átomo, ese mismo es su potencial de ionización.

3 Sistemas bien descritos en aproximación de Campo Central

3.1 Utilizando un potencial modelo para el Zn I, se han obtenido energías de ligadura de unos -353 u.a. para el orbital 1s, y -40 u.a. para los orbitales con n=2. A partir de esos datos, estimar para este átomo la energía (en eV) de sus bordes de absorción K y L, así como la longitud de onda (en Ángstrom) de su línea Kα de rayos X.

Solución
Como ilustra por ejemplo la figura 3.5(a), los bordes de absorción K y L corresponden a las energías de ligadura para $n=1$ y 2, de modo que
$E_{abs\,K}$=353 a.u. (x27,212)=9 606eV
$E_{abs\,L}$=40 a.u. (x27,212)=1 088eV.
La línea Kα corresponde a la transición entre ambos niveles, de modo que
$E_{K\alpha}$=9 606-1 088=8 518eV
y de la relación aproximada entre energía y longitud de onda de un fotón $\lambda(\text{Å})$=12 400/E(eV), obtenemos $\lambda_{K\alpha}$=12 400/8 518=1,46 Å.

3.2 La energía de los primeros niveles de Rayos X del Talio (Z=81) es:

Nivel	K	L I	L II	L III	M I	M II	M III	M IV	M V
E(eV)	85 530	15 346	14 697	12 657	3 704	3 415	2 956	2 485	2 389

a) Hallar las longitudes de onda de los bordes de absorción K y L de Rayos X.
b) Identificar las transiciones permitidas entre el L_{II} y el resto de la tabla.
c) Determinar la λ para las transición L_{III}-M_{IV}.

Solución
(a) Ignorando la energía de los primeros estados excitados atómicos (habitualmente unos pocos eV para un átomo neutro), cada borde de absorción puede aproximarse por su energía de ligadura, de modo que la relación $\lambda(\text{Å})$=12 400/E(eV) proporciona:
$\lambda_{abs\,K}$=0,145 Å, $\lambda_{abs\,L\,I}$=0,808 Å, $\lambda_{abs\,L\,II}$=0,844 Å, $\lambda_{abs\,L\,III}$=0,980 Å.
(b) Para este apartado es preciso conocer los números cuánticos de cada nivel, por ejemplo consultando la tabla 3.3. Así vemos que el estado L II es el 2p con j=1/2. Según las reglas de selección indicadas en el apartado 2.1.5 que se justifican en el capítulo 7, las únicas transiciones dipolares eléctricas permitidas para él serán hacia los estados $1s_{j=1/2}$ (K), $3s_{j=1/2}$ (M I) y $3d_{j=3/2}$ (M IV).
(c) La longitud de onda de esa transición será
$\lambda_{LIII-MIV}$=12 400/(12 657-2 485)=1,219 Å.

3.3 Conociendo los siguientes datos para el átomo de Cu (Z=29):

λK_α=1.54 Å, λK_β=1.39 Å, λK_γ=1.378 Å, borde absorción K=1.377 Å.

a) Hacer un diagrama en el que quede claro el origen de estas líneas.

b) Obtener las correspondientes constantes de apantallamiento σ_K, σ_L ...

Solución

(a) El diagrama pedido es simplemente el de la figura 3.5(a).

(b) El borde de absorción K nos indica la energía de ligadura del nivel n=1, y las longitudes de onda nos informan de las separaciones de energía de los sucesivos niveles L, M y N:

$\lambda_{abs\ K}$=1,377Å$\rightarrow E_{abs\ K}$=12 400/1,377=9 005eV$\rightarrow E_K$=-9 005eV

$\lambda_{K\alpha}$=1,54Å$\rightarrow E_K$-E_L=12 400/1,54=8 052eV$\rightarrow E_L$=-953eV

$\lambda_{K\beta}$=1,39Å$\rightarrow E_K$-E_M=12 400/1,39=8 921eV$\rightarrow E_M$=-84eV

$\lambda_{K\gamma}$=1,378Å$\rightarrow E_K$-E_N=12 400/1,378=8 999eV$\rightarrow E_N$=-6eV

Finalmente las constantes de apantallamiento son las que justifiquen esas energías de ligadura según E_n=-13.6 $(29-\sigma_n)^2/n^2$, que resultan ser σ_K=3,27, σ_L=12.3, σ_M=21,5 y σ_N=26,3.

3.4 En una lámpara de rayos X que trabaja a 7kV de tensión se ha observado la emisión de un máximo de rayos X con λ=2 Å.

a) Utilizar la ley de Moseley (o para más comodidad la colección de espectros de emisión de la figura 3.6) para identificar aproximadamente la Z del elemento que la origina, suponiendo que se trata de (i)Una línea K_α, (ii)Una línea L_α.

b) ¿Qué otras zonas del espectro de la lámpara deberíamos mirar para salir de dudas?

c) ¿Qué otras características del espectro nos distinguirían un caso de otro?

d) Por debajo de qué longitud de onda se puede asegurar que la lámpara no emite nada.

Solución

(a) En la figura indicada se puede observar que alrededor de λ=2 Å se encuentran las líneas K del elemento con Z=26, y las L del elemento con Z=65, de modo que debe tratarse de uno de los dos.

(b) En caso de ser el de Z=26 deberían aparecer sus líneas L en torno a de λ=17Å, mientras que si se tratase de Z=56 lo que se observarían serían sus líneas K alrededor de λ=0,3Å.

(c) También podría sacarnos de dudas el analizar en detalle la estructura y número de las líneas observadas en torno a de λ=2Å, ya que serán distintas para líneas K y L (como se aprecia por ejemplo en las figuras 3.2(b) y 3.3).

(d) Con una energía cinética máxima disponible de 7kV, los fotones de mínima longitud de onda posibles serán de $\lambda=12\,400/7\,000=1{,}77$ Å.

3.5 Para las capas $n=1$ y $n=2$ de un átomo sus niveles de energía pueden aproximarse por la expresión $E_n=-Ry\,(Z-\sigma_n)^2/n^2$. Indicar qué relación debería existir entre σ_K y σ_L para justificar la fórmula encontrada empíricamente por Moseley para la energía de las transiciones K-L: $E_{K\alpha}=3/4\,Ry\,(Z-1)^2$.

Solución

Como se mencionó en el texto, la regularidad observada por Moseley sobre las líneas K y L proviene del comportamiento hidrogenoide de los niveles de energía, pero esa justificación no es inmediata, dado que las líneas observadas son "diferencias de" esos niveles hidrogenoides.

En concreto, para las líneas K tendremos

$h\nu_K/R=E_L/R-E_K/R=(Z-\sigma_K)^2/1^2-(Z-\sigma_L)^2/2^2$

Efectivamente la anterior expresión se puede reesciribr como

$h\nu_K/R=E_L/R-E_K/R=3/4\,(Z-\sigma)^2-\delta$

con tal que definamos $\sigma=(4\sigma_K-\sigma_L)/3$ y $\delta=(\sigma_K-\sigma_L)^2/3$. Nótese que para cumplir la ley de Moseley δ debería ser nulo o al menos despreciable frente al término $(\ldots)^2$, cosa que suele ocurrir sobre todo si Z es grande. Valores típicos de $\sigma_K=2{,}5$ y $\sigma_L=7$ justifican también el valor de $\sigma\sim1$ encontrado por Moseley. Como se indicó en el texto, σ_K y σ_L varían bastante al crecer Z, y puede considerarse una afortunada casualidad el que esa variación casi se cancele al tomar la diferencia entre ellas, dando lugar a una σ casi constante.

3.6 Hallar el defecto cuántico de los términos ^2S y ^2P del Li, sabiendo que
   a) Las primeras líneas resonantes (transiciones $1s^22p\rightarrow1s^22s$) presentan longitudes de onda $\lambda=670.8$nm, y
   b) La energía de ionización es de 5.36eV.

Solución

Conviene dibujar un pequeño esquema como el indicado, para visualizar la situación. El dato (b) nos informa de la energía de ligatura del nivel 2s. El dato (a) nos informa de la separación de energía entre los niveles 2s y 2p, que es $\varepsilon_{2p}-\varepsilon_{2s}=1\,240/670{,}8=1{,}85$eV.

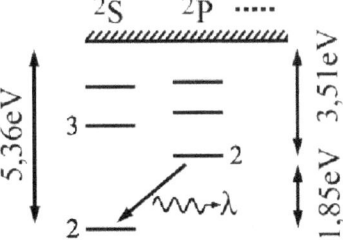

De ese modo deducimos también la energía de ligadura del nivel 2p (3,51eV).

A partir de esas dos energías de ligadura, la fórmula de Rydberg nos proporciona el defecto cuántico de las series s y p:

ε_{2p}=-3,51=-13,606 $1^2/(2-\delta_1)^2$ →δ_p=0,031

ε_{2s}=-5,36=-13,606 $1^2/(2-\delta_0)^2$ →δ_s=0,407.

Con esos valores podríamos estimar las energías del resto de niveles ns y np del átomo.

3.7 Sabiendo que para el Na el defecto cuántico del nivel 3p es δ_1=0.88, y que la longitud de onda de la transición 3p $^2P_{3/2}$->3s $^2S_{1/2}$ es λ=589nm, estimar:

a) Su energía de ionización

b) El defecto cuántico del nivel 3s.

c) La longitud de onda de la transición 7s->4p

Solución

(a) El planteamiento es muy similar al del problema anterior, y también se recomienda al lector trazar un esquema de niveles orientativo similar a aquél. Aquí δ_1 nos determina la energía de ligadura de cualquiera de los niveles np (en particular ε_{3p}=-3,037eV). La λ dada nos informa de la separación de energías entre los 3p y 3s (2,105eV). De ese modo deducimos para el 3s una energía de ligadura ε_{3s}=-5,142eV. Siendo ese el esado más ligado, ese es su potencial de ionización.

(b) De esa energía de ligadura ε_{3s} se deduce también un defecto cuántico δ_0=1,373 para la serie s.

(c) A partir de ambos defectos cuánticos es inmediato deducir las energías ε_{7s}=-0,430eV y ε_{4p}=-1,398eV, y de ellas la longitud de onda de la transición entre ambos λ_{7s-4p}=1 281nm.

4 Funciones de onda polielectrónicas y Técnicas de Cálculo

4.1 Para el determinante de Slater $(0^+ \; 1^+ \; 1^-)$ de la configuración $1s3p^2$ en Li, un cálculo Hartree-Fock ha proporcionado los valores: I_{1s}=-9.001, I_{3p}= -0.836, $J_{1s,3p}$=0.395, $J_{3p,3p}$=0.262, $K_{1s,3p}$=0.008, donde I_i=<$-1/2\nabla_i^2$-Z/r_i>, y J_{ij} y K_{ij} son las integrales directa de Coulomb y de canje.

Calcular, para ese estado, la energía total del sistema y (en aprox. átomo congelado) la de ionización.

Solución

Según vimos en teoría, la energía total del sistema es simplemente

$E=\langle\Psi|\mathbf{H}|\Psi\rangle=\Sigma_i I_i+\Sigma_{i<j}[J_{ij}-K_{ij}]$

que en este caso se reduce a

$E=I_{1s}+I_{3p}+I_{3p}+J_{1s,3p}+J_{1s,3p}+J_{3p,3p}-K_{1s,3p}$=-9,629 u.a.

La energía de ionización es la diferencia entre esa y la que tendría el átomo calculado con un electrón menos (el que menos ligado se encuentre). La aproximación de átomo congelado consiste en suponer que el resto de orbitales no cambiarán apreciablemente al extraer un electrón, y por ello que mantienen sus valores las anteriores integrales I, J y K. De ese modo, determinar la energía de ionización se reduce a identificar qué electrón "extraer", y con ello qué términos de la suma anterior desaparecen.

Vistos sus valores, los términos más decisivos en la energía son las integrales I, indicando claramente que el electrón "menos ligado" es alguno de los "p". Suprimir uno de ellos haría desaparecer una de las integrales I_{3p}, una de las $J_{1s,3p}$, y la $J_{3p,3p}$. De los dos electrones "p", si el extraido fuese el "1^+" desaparecería también la integral $K_{1s,3p}$, lo que haría mayor el cambio por ser negativa. Por tanto el que debe "extraerse" para un cambio mínimo de energía (así se define el potencial de ionización) es el "1^- " que no involucra la $K_{1s,3p}$. Con todo, el potencial de ionización resultaría:

P.I.=$I_{3p}+J_{1s,3p}+J_{3p,3p}$=-0,179 u.a.

quedando el átomo en el estado $2s3p$ $(0^+ \; 1^+)$.

4.2 Continuando con el problema 3 del capítulo 1:

  c) Sabiendo que hay un único electrón en este orbital nl menos ligado, deducir la especie atómica (valor de Z) suponiendo válido el orden natural de llenado.

  d) Deducir el defecto cuántico para ese tipo de orbitales, y explicar si el resultado permitiría estimar la energía de otros orbitales ns o np.

Solución

(c) Suponiendo el orden de llenado habitual (figura 4.1), el estado 4p que se determinó allí se ocupa por primera vez para el Ga (Z=31).

(d) Aplicando la fórmula de Rydberg al nivel allí encontrado (4p con ε=-5,93eV), resultaría un defecto cuántico δ_p=2,49. Ese defecto cuántico podría utilizarse para estimar la energía de todos los orbitales de la serie np (n>4). No obstante, nótese que ese valor δ_p se ha obtenido suponiendo aplicable la aproximación de Rydberg para un nivel (el 4p) que no es "muy excitado", por lo que no cabe esperar una gran precisión en esas estimaciones. De hecho, consultando los valores experimentales se encuentra que sería preferible tomar para los niveles más excitados de este átomo un valor δ_p~2,3.

5 Correcciones Electrostática y Espín-Órbita. Acoplamiento LS

5.1   Determinar los términos electrostáticos permitidos para las configuraciones:

s p d, d^2, p^6, p^2d, p^2f, $[Kr]4d^25s^2$ y $1s2s3p^2$.

Solución

En todos estos casos podemos determinar los términos permitidos sin necesidad de construir su tabla de determinantes de Slater, aprovechando las propiedades descritas al final del apartado 5.1.2.

"**s p d**" Son electrones "no equivalentes" de modo que podemos acoplar todos sus momentos angulares sin ninguna restricción. Comenzando por ejemplo con los "p d": $S=|1/2-1/2|...1/2+1/2=0,1$ y $L=|2-1|...2+1=1,2,3$; es decir $^1P,^3P,^1D,^3D,^1F,^3F$. Si a cada uno de ellos "sumamos" los números cuánticos ^2S del electrón "s" obtenemos respectivamente ^2P, $^2P^4P$, ^2D, $^2D^4D$, ^2F, $^2F^4F$ (enn total 9 términos permitidos).

Como se comentó en teoría, en casos como éste en que aparecen varios términos "repetidos", se trata de funciones de onda diferentes (seguramente con energías diferentes) que coinciden en sus L y S totales, y que se distinguirían por sus "sumas parciales" de momentos angulares.

"nd^2" Si se tratase de dos electrones "dd' no equivalentes", daría lugar a términos con $S=0,1$ y $L=0,1,2,3,4$. Según un teorema enunciado en teoría, para configuraciones "nl^2" como ésta sólo "sobreviven" los términos con $L+S$ par, de modo que únicamente tendrá $^1S,^3P,^1D,^3F,^1G$.

"np^6" Capa completa, según se comentó en teoría únicamente tiene ^1S.

"np^2 n'd" El par de electrones equivalentes "p^2" nos es bien conocido, y sólo puede tener momentos angulares totales $^1S,^3P,^1D$. Por otra parte los del "d" son ^2D. Entre ellos no hay ninguna restricción para acoplarlos de todas las formas posibles, de modo que resultan: ^2D (de $^1S\oplus^2D$), $^2P^4P^2D^4D^2F^4F$ (de $^3P\oplus^2D$) y $^2S^2P^2D^2F^2G$ (de $^1D\oplus^2D$).

"np^2 n'f" Situación muy similar a la anterior. Esta configuración presenta los 14 términos electrostáticos: ^2F (de $^1S\oplus^2F$), $^2D^4D^2F^4F^2G^4G$ (de $^3P\oplus^2F$) y $^2P^2D^2F^2G^2H$ (de $^1D\oplus^2F$).

"$[Kr]4d^25s^2$" Es la forma de representar un átomo con todas las mismas capas completas que el de Kr y esos cuatro electrones externos adicionales. Capas completas contribuyen con momentos angulares nulos, de modo que aquí la única contribución proviene de los dos electrones "d^2" ya vistos anteriormente, es decir sus términos serán $^1S,^3P,^1D,^3F,^1G$.

"$1s2s3p^2$" Basta acoplar sin restricciones los momentos angulares ^2S (del 1s), ^2S (del 2s) y $^1S^3P^1D$ (del $3p^2$). Comenzando por ejemplo por acoplar los dos últimos grupos resultan $^2S,^2P^4P,^2D$. Añadiendo a continuación (a cada uno de ellos) el ^2S del "1s" resultan $^1S^3S$, $^1P^3P$, $^3P^5P$, $^1D^3D$.

5.2 Para la configuración 1s 2p del Li^+ escribir explícitamente los estados $|^3P\ M_L=1\ M_S=1\rangle$ y $|^1P\ M_L=1\ M_S=0\rangle$ en términos de funciones R_{nl}, Y_{lm}, X_{ms}.

Solución

Comenzamos por escribir la tabla de determinantes de Slater para esta configuración, y su correspondencia en base de términos electrostáticos

$M_S \setminus M_L$	1		^3P	0		-1
1	(0^+1^+)			(0^+0^+)		1
0	$(0^+1^-)\ (0^-1^+)$			$(0^+0^-)\ (0^-0^+)$		3
-1	3		^1P	4		3

Claramente del subespacio $M_L=M_S=1$ se tiene el primer cambio de base necesario $|^3P\ 1\ 1\rangle=(0^+1^+)$

El cambio de base en el subespacio $M_L=1$ $M_S=0$ se obtiene como se explicó en teoría, aplicando a esa igualdad el operador bajada de espín total (en la forma S_- para el primer miembro, y en la $s_{1-}+s_{2-}$ para el segundo). Recordando en los tres casos el comportamiento de los operadores subida/bajada $J_\pm|jm\rangle=[j(j+1)-mm']^{1/2}|j\ m\pm1\rangle$, resulta:

$[1\cdot2-1\cdot0]^{1/2}|^3P\ 1\ 0\rangle=[1/2\ 3/2+1/2\ 1/2]^{1/2}(0^-1^+)+[1]^{1/2}(0^+1^-)$

de modo que $|^3P\ 1\ 0\rangle=^1\!/_{\sqrt2}(0^-1^+)+^1\!/_{\sqrt2}(0^+1^-)$.

El otro estado del espacio $M_L=1$ $M_S=0$ debe ser ortogonal al anterior, de modo que $\pm|^1P\ 1\ 0\rangle=^1\!/_{\sqrt2}(0^-1^+)-^1\!/_{\sqrt2}(0^+1^-)$; siendo equivalente cualquiera de las dos opciones "$\pm$".

Finalmente basta escribir esos determinantes de Slater explícitamente en términos de funciones R_{nl}, Y_{lm}, X_{ms}, quedando el resultado pedido:

$$|^3P11\rangle=(0^+1^+)=\frac{1}{\sqrt2}\begin{vmatrix} R_{1s}(r_1)Y_{00}(\theta_1\varphi_1)X_+(\sigma_1) & R_{2p}(r_1)Y_{11}(\theta_1\varphi_1)X_+(\sigma_1) \\ R_{1s}(r_2)Y_{00}(\theta_2\varphi_2)X_+(\sigma_2) & R_{2p}(r_2)Y_{11}(\theta_2\varphi_2)X_+(\sigma_2) \end{vmatrix}$$

$$|^1P10\rangle=\frac{1}{2}\begin{vmatrix} R_{1s}Y_{00}X_-(1) & R_{2p}Y_{11}X_+(1) \\ R_{1s}Y_{00}X_-(2) & R_{2p}Y_{11}X_+(2) \end{vmatrix}-\frac{1}{2}\begin{vmatrix} R_{1s}Y_{00}X_+(1) & R_{2p}Y_{11}X_-(1) \\ R_{1s}Y_{00}X_+(2) & R_{2p}Y_{11}X_-(2) \end{vmatrix}$$

(se ha abreviado la notación de las variables en el segundo caso).

5.3 Para la configuración p^2 s:

a) Determinar los posibles términos electrostáticos.

b) Describir como combinación de determinantes de Slater los estados $|^4P\ M_L=1\ M_S=3/2\rangle$, $|^4P\ M_L=1\ M_S=1/2\rangle$, $|^2D\ M_L=2\ M_S=1/2\rangle$ $|^2D\ M_L=1\ M_S=1/2\rangle$ y $|^2P\ M_L=1\ M_S=1/2\rangle$.

c) Expresar, en función de integrales de Slater, la diferencia de energía entre los términos ^4P y ^2D.

Solución

(a) Si sólo se pidiese este apartado, no sería necesario construir una tabla con todos los determinantes de Slater. Bastaría acoplar los momentos angulares del caso p^2 ya conocido ($^1S, ^3P, ^1D$) con los del "s" (^2S), lo que proporciona $^1S \oplus {}^2S = {}^2S$, $^3P \oplus {}^2S = {}^2P, {}^4P$, y $^1D \oplus {}^2S = {}^2D$. Pero necesitaremos esa tabla (ya presentada en la figura 5.4 del texto) para los cambios de base pedidos en los siguientes apartados.

(b) Observando en la figura 5.4 indicada, los subespacios $|M_L\ M_S\rangle = |1\ 3/2\rangle$ y $|2\ 1/2\rangle$ que son de dimensión 1, resulta inmediato $|{}^4P\ 1\ 3/2\rangle = (1^+0^+,0^+)$ y $|{}^2D\ 2\ 1/2\rangle = (1^+1^-,0^+)$. En todo momento será importante tener bien identificado a qué electrón corresponde cada número cuántico, para lo cual consideraremos "p^2" los dos primeros y "s" el tercero, cosa que enfatizamos separando el último con una ",".

Para obtener las relaciones necesarias en el subespacio $|M_L\ M_S\rangle = |1\ 1/2\rangle$ aplicamos en primer lugar el operador S_- a la primera de las anteriores igualdades, como en el problema anterior:
$$[3/2 \cdot 5/2 - 3/2 \cdot 1/2]^{1/2} |{}^4P\ 1\ 1/2\rangle = (1^-0^+,0^+) + (1^+0^-,0^+) + (1^+0^+,0^-)$$
(recuérdese que para operadores $s_{i\pm}$ todos los factores $[s(s+1) - m_s m_s']^{1/2} = 1$) de modo que
$$|{}^4P\ 1\ 1/2\rangle = {}^1/_{\sqrt{3}}(1^-0^+,0^+) + {}^1/_{\sqrt{3}}(1^+0^-,0^+) + {}^1/_{\sqrt{3}}(1^+0^+,0^-).$$
A continuación aplicamos el operador $L_+ = l_{1-} + l_{2-} + l_{3-}$ a la segunda de aquellas igualdades, resultando:
$$[2 \cdot 3 - 2 \cdot 1]^{1/2} |{}^2D\ 1\ 1/2\rangle = [1 \cdot 2 - 1 \cdot 0]^{1/2}\ (0^+1^-,0^+) + [1 \cdot 2 - 1 \cdot 0]^{1/2}\ (1^+0^-,0^+)$$
que nos proporciona
$$|{}^2D\ 1\ 1/2\rangle = {}^1/_{\sqrt{2}}(0^+1^-,0^+) + {}^1/_{\sqrt{2}}(1^+0^-,0^+)$$
Nótese que nos ha surgido el determinante de Slater $(0^+1^-,0^+)$ que parece no estar entre los recogidos en la tabla de la figura 5.4. Realmente es el mismo $(1^-0^+,0^+)$ salvo un cambio de signo, por lo que será preferible escribir esa igualdad
$$|{}^2D\ 1\ 1/2\rangle = -{}^1/_{\sqrt{2}}(1^-0^+,0^+) + {}^1/_{\sqrt{2}}(1^+0^-,0^+).$$
Finalmente, el estado aún desconocido se puede determinar exigiendo que sea una combinación lineal de los tres determinantes de slater, ortogonal a los dos estados anteriores y normalizado. Refiriéndonos a la base formada por los tres determinantes de Slater $\{(1^+0^-,0^+),(1^-0^+,0^+),(1^+0^+,0^-)\}$, lo anterior simplemente significa buscar un vector de coordenadas (α,β,γ) normalizado y ortogonal a los otros dos de coordenadas $({}^1/_{\sqrt{3}}, {}^1/_{\sqrt{3}}, {}^1/_{\sqrt{3}},)$ y $({}^1/_{\sqrt{2}}, -{}^1/_{\sqrt{2}}, 0)$. Claramente ello supone las condiciones y $\alpha + \beta + \gamma = 0$ y $\alpha - \beta = 0$ (por ortogonalidad al uno y otro) y $\alpha^2 + \beta^2 + \gamma^2 = 1$ (por normalización). La solución (única salvo signo global) es $\pm(\alpha,\beta,\gamma) = ({}^1/_{\sqrt{6}}, {}^1/_{\sqrt{6}}, -{}^2/_{\sqrt{6}})$, es decir
$$\pm|{}^2P\ 1\ 1/2\rangle = {}^1/_{\sqrt{6}}(1^+0^-,0^+) + {}^1/_{\sqrt{6}}(1^-0^+,0^+) - {}^2/_{\sqrt{6}}(1^+0^+,0^-).$$
Nótese que en tres dimensiones un procedimiento alternativo más rápido para generar un vector perpendicular a dos que ya lo son, es calcular

simplemente su producto vectorial, y efectivamente aquí hubiese bastado calcular $(^1/_{\sqrt{3}}, \, ^1/_{\sqrt{3}}, \, ^1/_{\sqrt{3}}) \wedge (^1/_{\sqrt{2}}, \, -^1/_{\sqrt{2}}, 0) = (^1/_{\sqrt{6}}, \, ^1/_{\sqrt{6}}, \, -^2/_{\sqrt{6}})$.

(c) La corrección a la energía por interacción electrostática residual no depende de los números cuánticos $M_L M_S$, de modo que para calcular las de los términos ^4P o ^2D podemos elegir sus representantes más sencillo en base de determinantes de Slater. De ese modo:

$\Delta E_{el}(^4P) = \langle 1^+0^+,0^+ | \Sigma_{i<j} 1/r_{ij} | 1^+0^+,0^+ \rangle =$

$= (F^0_{pp} - 2/25 \, F^2_{pp} - 3/25 \, G^2_{pp}) +$ *(por la pareja de electrones 1^+0^+)*

$+ (F^0_{ps} - 1/3 \, G^1_{ps}) +$ *(por la pareja de electrones $0^+,0^+$)*

$+ (F^0_{ps} - 1/3 \, G^1_{ps}) =$ *(por la pareja de electrones $1^+,0^+$)*

$= F^0_{pp} - 1/5 \, F^2_{pp} + 2F^0_{ps} - 2/3 \, G^1_{ps}$ *(teniendo en cuenta que $G^2_{pp} = F^2_{pp}$)*

$\Delta E_{el}(^2D) = \langle 1^+1^-,0^+ | \Sigma_{i<j} 1/r_{ij} | 1^+1^-,0^+ \rangle =$

$= (F^0_{pp} + 1/25 \, F^2_{pp}) +$ *(por la pareja de electrones 1^+1^-)*

$+ (F^0_{ps}) +$ *(por la pareja de electrones $1^-,0^+$)*

$+ (F^0_{ps} - 1/3 \, G^1_{ps}) =$ *(por la pareja de electrones $1^+,0^+$)*

$= F^0_{pp} + 1/25 \, F^2_{pp} + 2F^0_{ps} - 1/3 \, G^1_{ps}$

Con lo que

$\Delta E_{el}(^2D) - \Delta E_{el}(^4P) = 6/25 \, F^2_{pp} + 1/3 \, G^1_{ps}$

lo que permite asegurar que el ^4P estará por debajo del ^2D.

5.4 Un cálculo Hartree-Fock para el determinante de slater 1s4p (0^+1^+) del Be III ha proporcionado las siguientes integrales: $I_{1s} = -8.00$, $I_{4p} = -0.499$, $J_{1s4p} = 0.216$ y $K_{1s4p} = 0.0038$ (en u.a.)

a) ¿Se corresponde ese determinante de Slater con algún término electrostático de esa configuración?

b) Determinar para ese estado, en aproximación de orbitales congelados, la energía necesaria para arrancar el electrón 1s, el 4p o ambos.

c) Teniendo en cuenta la relación entre integrales de Slater (F^k, G^k) e integrales de Coulomb (J_{ij}, K_{ij}), determinar la diferencia de energía entre los estados 1s4p ^1P y 1s4p ^3P.

Solución

(a) Sí, en la configuración 1s4p el (0^+1^+) coincide con un ^3P.

(b) La energía necesaria para extraer ambos es la total del sistema

$E_{tot} = I_{1s} + I_{4p} + J_{1s,4p} - K_{1s,4p} = -8,2868$ u.a.

Para extraer el 1s identificamos los sumandos que desaparecerían al quitarlo

$E_{1s} = I_{1s} + \quad + J_{1s,4p} - K_{1s,4p} = -7,7878$ u.a.

Y análogamente para el 4p

$E_{4p} = \quad I_{4p} + J_{1s,4p} - K_{1s,4p} = -0,2868$ u.a.

(c) La relación entre integrales de Slater K y de Coulomb G es

$-K_{ij} \equiv -\langle \varphi_i \varphi_j | 1/r_{12} | \varphi_j \varphi_i \rangle = -\delta_{m_i m_j} \Sigma_k b_k(l_i^{m_i} l_j^{m_j}) G^k(n_i l_i n_j l_j) = $(esta config.)$ = -1/3 G^1_{ps}$.

de modo que $G^1_{ps} = 3K_{ps}$, y por lo visto en teoría para esta configuración

$E(^1P) - E(^3P) = 2/3 G^1_{ps} = 2K_{ps} = 0,0076$ u.a.

5.5 Aplicar las Reglas de Hund para determinar cuál es el estado fundamental de los siguientes átomos o iones: C $2s^2 2p^2$, F $2s^2 2p^5$, Sc $3d4s^2$, Ti $3d^2 4s^2$, Cr $3d^5 4s$, Ni $3d^8 4s^2$, $Fe^+ 3d^6 4s$.

Solución

Básicamente se trata de seguir las indicaciones dadas en el apartado 5.1.3 y los ejemplos de la tabla 5.5. Para orbitales l^m sabemos si el desdoblamiento espín-órbita es normal o invertido según esté más o menos que medio lleno (apartado 5.2.3).

C $2s^2 2p^2$: Configuración "p^2" bien conocida, cuyo término fundamental ^3P se desdobla en J=0,1,2. Siendo "normal" el estado fundamental será el $^3P_0$.

F $2s^2 2p^5$: Configuración complementaria de "p" con mismo único término ^2P pero invertido, se desdobla en J=1/2,3/2 de los que el fundamental es el $^2P_{3/2}$.

Sc $3d4s^2$: $^2D_{3/2}$ (Único término ^2D normal y desdoblado en J=3/2,5/2).

Ti $3d^2 4s^2$: Término fundamental ^3F dado por determinante de Slater (2^+1^+). Se desdobla en J=2,3,4 y siendo normal su estado fundamental es el $^3F_2$.

Cr $3d^5 4s$: Su determinante de Slater "extremo" $(2^+1^+0^+-1^+-2^+,0^+)$ indica término fundamental ^7S que no se desdobla: estado fundamental es $^7S_3$.

Ni $3d^8 4s^2$: Configuración complementaria de "d^2", su término fundamental será también ^3F pero por ser invertido el estado fundamental será ahora $^3F_4$.

$Fe^+ 3d^6 4s$: El determinante de Slater $(2^+1^+0^+-1^+,0^+)$ indica término fundamental ^6D. Por ser invertido el fundamental será el de mayor J: $^6D_{9/2}$.

5.6 Para la configuración d^3, calcular la perturbación debida a interacción electrostática residual para el término de más baja energía.

Solución

Como se describió en el apartado 5.1.3, buscamos primero el determinante de máximo Σm_s con máximo Σm_l que es aquí $(2^+1^+0^+)$. Éste será el único en un subespacio con $M_S=3/2$ y $M_L=3$ delatando un término electrostático fundamental ^4F según las reglas de Hund. La energía pedida es:

$\Delta E_{el}(^4F) = \langle 2^+1^+0^+|\Sigma_{i<j}1/r_{ij}|2^+1^+0^+\rangle =$

$= (F^0_{dd} - 2/49\ F^2_{dd} - 4/441\ F^4_{dd} - 6/49\ G^2_{dd} - 5/441\ G^4_{dd}) +$ *(pareja 2^+1^+)*

$+ (F^0_{dd} - 4/49\ F^2_{dd} + 6/441\ F^4_{dd} - 4/49\ G^2_{dd} - 15/441\ G^4_{dd}) +$ *(pareja 2^+0^+)*

$+ (F^0_{dd} + 2/49\ F^2_{dd} - 24/441\ F^4_{dd} - 1/49\ G^2_{dd} - 30/441\ G^4_{dd})$ *(pareja 1^+0^+)*

$= 3F^0_{dd} - 15/49\ F^2_{dd} - 72/441\ F^4_{dd}$ *(teniendo en cuenta que $G^k_{dd} = F^k_{dd}$)*

5.7 Para la configuración $1s^2 2s^2 2p3p$ ¿Cabe esperar que sean válidas las reglas de Hund?

a) Determinar cuál sería su término de más baja energía según esas reglas, y calcular su corrección por interacción electrostática residual $\Delta E_{el}(^3D)$ como combinación de integrales de Slater.

b) Sabiendo que $\Delta E_{el}(^1P) = F^0_{pp'} - 1/5\, F^2_{pp'} - G^0_{pp'} + 1/5 G^2_{pp'}$, determinar para qué valores de la integrales radiales $F^2_{pp'}$ y $G^2_{pp'}$ cumplen las reglas de Hund las posiciones relativas de los términos ^1P y ^3D.

Solución

No está garantizado que se cumplan para una configuración tipo "ll'" como es ésta. Ignorando los orbitales s^2 completos:

(a) El determinante se Slater "extremo" sería el (1^+1^+) con término ^3D. La energía pedida es:

$\Delta E_{el}(^3D) = \langle 1^+1^+ | 1/r_{12} | 1^+1^+ \rangle = F^0_{pp'} + 1/25\, F^2_{pp'} - G^0_{pp'} - 1/25\, G^2_{pp'}$.

(b) Restando ambas energías, la condición para tener $E(^1P) - E(^3D) > 0$ resulta ser $-6/25\, F^2_{pp'} + 6/25\, G^2_{pp'} > 0$, es decir $G^2_{pp'} > F^2_{pp'}$. Por tanto se cumplirá o no en distintos átomos dependiendo en cada caso del valor de esas dos integrales radiales.

5.8 Obtener la relación entre las constantes A y ζ para los términos de las configuraciones dp y d^2.

Solución

Configuración "dp" Basta con escribir la primera fila de su tabla de determinantes de Slater:

$M_S \backslash M_L$	3	2	1	0	...
1	(2^+1^+)	(2^+0^+)	(2^+-1^+)	(1^+-1^+)	...
		(1^+1^+)	(1^+0^+)	(0^+0^+)	
			(0^+1^+)	(-1^+1^+)	
0	...	...	...	...	...
-1	...	...	...	...	...

Operando como se indicó en los apartados 5.2.2 y 5.2.3, aplicamos la regla de la traza al operador ΔH_{SO} en cada subespacio:

En el $|M_L M_S\rangle = |31\rangle$: $2 \cdot 1/2\zeta_d + 1 \cdot 1/2\zeta_p = 3 \cdot 1 A(^3F)$ de donde $A(^3F) = 1/3\zeta_d + 1/6\zeta_p$.

En el $|M_L M_S\rangle = |21\rangle$: $(2 \cdot 1/2 + 1 \cdot 1/2)\zeta_d + (0 \cdot 1/2 + 1 \cdot 1/2)\zeta_p = 2 \cdot 1 [A(^3F) + A(^3D)]$ de donde $A(^3D) = 5/12\zeta_d + 1/12\zeta_p$.

En $|M_L M_S\rangle = |11\rangle$: $(2 \cdot 1/2 + 1 \cdot 1/2)\zeta_d + (-1 \cdot 1/2 + 1 \cdot 1/2)\zeta_p = 1 \cdot 1 [A(^3F) + A(^3D) + A(^3P)]$ de donde $A(^3P) = 3/4\zeta_d - 1/4\zeta_p$.

Nótese que lo anterior garantiza que los términos ^3F y ^3D serán normales para estas configuraciones (dado que las integrales radiales ζ_{nl} son siempre cantidades positivas). Por el contrario el ^3P será normal o invertido dependiendo del valor de esas integrales radiales en cada átomo.

Configuraciónes "d^2" Como se ha visto en algún ejercicio anterior, esta configuración sólo tiene dos términos triplete que puedan desdoblarse por interacción espín-órbita:

$M_S \backslash M_L$	4	3	2	1	0	…
1	-	(2^+1^+)	(2^+0^+)	(2^+-1^+)	(2^+-2^+)	…
				(1^+0^+)	(1^+-1^+)	
0	.	^3F …		^3P	…	…	…

Operando como en el caso anterior:

En $|M_L M_S\rangle=|31\rangle$: $(2\cdot 1/2+1\cdot 1/2)\zeta_d=3\cdot 1 A(^3F) \rightarrow A(^3F)=1/2\zeta_d$.

En $|M_L M_S\rangle=|11\rangle$: $(2\cdot 1/2-1\cdot 1/2+1\cdot 1/2)\zeta_d =1\cdot 1[A(^3F)+A(^3P)] \rightarrow A(^3P)=1/2\zeta_d$.

En este caso ambos términos serán normales, y casualmente con la misma constante A.

5.9 En el Ti I (config. [Ar]$3d^2 4s^2$) el 1er nivel excitado está 170cm^{-1} por encima del fundamental.

a) ¿Qué energía cabe esperar para el 2º excitado?

b) ¿Qué separación cabe esperar entre los niveles $3d^2 4s^2\ ^3P$ con J=0,1,2?

c) Compárense esas predicciones con los valores experimentales.

Solución

(a) En primer lugar conviene analizar qué niveles son los que intervienen. Como hemos visto en ocasiones anteriores, el término fundamental de una configuración d^2 es el ^3F, que es normal. Por tanto el estado fundamental y "primer excitado" deben ser los $^3F_2$ y $^3F_3$. De ese modo, la separación de 170cm^{-1} entre ellos nos proporciona la constante $A(^3F)$: según la regla de los intevalos de Landé $3A(^3F)$=170cm^{-1}. De ese modo $A(^3F)$=56,7cm^{-1} y el segundo excitado (el $^3F_4$) debe estar $7A(^3F)$=397cm^{-1} por encima del fundamental.

(b) Por lo visto en el ejercicio anterior, los términos ^3P y ^3F de una configuración d^2 tienen la misma constante A. De ese modo la separación entre los $^3P_0$ y $^3P_1$ será A=56,7cm^{-1}, y entre los $^3P_1$ y $^3P_2$ será $2A$=113cm^{-1}.

(c) Las diferencias entre esas predicciones y los valores experimentales son en todos los casos menores del 3%. Esos valores pueden consultarse por ejemplo en la base de datos

https://physics.nist.gov/PhysRefData/ASD/levels_form.html

5.10 Para la configuración excitada [Ar] $3d^3$ $4s$ del V II.

a) Calcular la degeneración de la configuración.

b) ¿Cabe esperar que sean aplicables las reglas de Hund para esta configuración?

c) Obtener el término de más baja energía suponiendo válidas las reglas de Hund, y expresar su estado con máximas M_L y M_S en base de determinantes de Slater.

d) Expresar la corrección a la energía electrostática de ese término como elementos de matriz de esos determinantes de Slater y, para alguna pareja de electrones, explicitar el resultado en términos de integrales de Slater y los coeficientes correspondientes.

e) Determinar la constante de espín-órbita A para el término del apartado c) en función de integrales radiales ζ_{3d}.

Esa misma configuración presenta un término ^1F con energía 34 228.82, y un ^3F cuyas tres componentes de estructura fina tienen energías 8640.21, 8841.97 y 9 097.81 (todas en cm^{-1}).

f) A la vista de los valores de esas energías, razonar si cabe esperar que sea aplicable la aproximación Russell-Saunders para estos niveles.

g) Asignar valores de J a cada uno de esos niveles suponiendo válidas las reglas de Hund.

h) Comprobar si se cumple aproximadamente la regla de los intervalos de Landé para el ^3F.

i) Determinar cuál es la energía del ^3F por interacción electrostática, es decir, la que tendría si no existiese interacción espín-órbita

Solución

(a) Una configuración d^3s engloba $\binom{10}{3}\binom{2}{1}=120\cdot2=240$ estados. En aproximación de campo central todos con la misma energía (degenerados).

(b) Si, por tratarse de una configuración de la forma $l^m s$.

(c) El determinante de Slater "extremo" es $(2^+1^+0^+,0^+)$, que por ser el único con esos máximos $M_L=3$ $M_S=2$ asegura $|^5F\ 3\ 2\rangle=(2^+1^+0^+,0^+)$.

(d) $\Delta E_{el}(^5F)=\langle2^+1^+0^+,0^+|\Sigma_{i<j}1/r_{ij}|2^+1^+0^+,0^+\rangle=$

$= F^0_{dd}$-2/49 F^2_{dd}-4/441 F^4_{dd} -6/49 G^2_{dd}-5/441 G^4_{dd} +... *(pareja 2^+1^+)*

(en total el sumando $\Sigma_{i<j}1/r_{ij}$ contiene 6 parejas de electrones)

(e) La invarianza de traza aplicada a ese subespacio (de dimensión unidad) resulta: $(2\cdot1/2+1\cdot1/2+0\cdot1/2)\zeta_d+0\cdot1/2\zeta_s=3\cdot2A(^5F)$, de donde $A(^5F)=1/4\zeta_d$.

(f) La separación entre las componentes del ^3F es debida a interacción espín-órbita, y resulta ser del orden de $200cm^{-1}$. La separación entre el ^1F y ^3F (del orden de unos $25\ 000cm^{-1}$) es debida a interacción electrostática residual. Siendo ésta última más de dos órdenes de magnitud mayor que la espín-órbita, sí cabe esperar se sea aplicable la aproximación Russell-Saunders para estos niveles.

(g) Estando el d^3 "menos que medio lleno" cabe esperar del ^3F que sea un multiplete normal, en cuyo caso las tres energías dadas en orden creciente corresponderian respectivamente a los estados $^3F_2$, $^3F_3$ y $^3F_4$.

(h) Según la regla de intervalos de landé debería ser

$[E(^3F_4)-E(^3F_3)] / [E(^3F_3)-E(^3F_2)]=4/3$

Introduciendo los valores experimentale dados se encuentra para ese cociente un valor de $255,84/201,76=1,27$, muy próximo al esperado (menos de un 5% de diferencia).

(i) Como sabemos el "centro de gravedad" de un multiplete (promediando sus componentes con sus pesos estadísticos) es la energía que tendría de no existir la interacción espín-órbita:

$<E(^3F)>=(5x8640,21 + 7x8841,97 + 9x9097,81) / 21=8\ 903,58cm^{-1}$.

Observación

En una primera edición del texto, el siguiente problema se presentaba en el capítulo 6 (numerado como 6.3). Dada su temática, en sucesivas reimpresiones se ha preferido incluirlo en este capítulo 5.

5.11 La configuración fundamental del Ni I es [Ar] $3d^8\ 4s^2$.

a) ¿Cuáles son sus posibles términos electrostáticos?

b) ¿Cuál sería el nivel fundamental según las reglas de Hund?

c) Determinar la constante espín-órbita A para el término fundamental en función de la integral radial ζ_{3d}.

d) Calcular la energía del primer nivel excitado en función de ζ_{3d}.

Para la configuración excitada del mismo átomo [Ar] $3d^9\ 4s$.

e) Determinar la corrección a la energía por interacción electrostática residual de los términos ^1D y ^3D en función de integrales de Slater. Sugerencia: Realizar ese cálculo como si se tratase de una configuración 3d 4s (en general la energía electrostática de configuraciones complementarias es diferente, pero en este caso particular la separación entre ambos términos resulta ser la misma).

f) Suponiendo válidas la aproximación Russell-Saunders y las reglas de Hund, representar en un esquema de niveles las posiciones de estos dos términos incluyendo sus componentes de estructura fina en el orden de energía correspondiente (indicando la J de cada nivel).

g) Conocidos los siguientes elementos de matriz para la corrección espín-órbita en base $^{2S+1}L_J$: $<^1D_2|\Delta H_{SO}|^1D_2>=0$, $<^3D_2|\Delta H_{SO}|^3D_2>=1/2\ \zeta_{3d}$, $<^3D_2|\Delta H_{SO}|^1D_2>= -2/\sqrt{3}\ \zeta_{3d}$.

Escribir explícitamente la matriz $\Delta H_{el}+\Delta H_{SO}$ completa para todos niveles con J=2 (es decir, una matriz que incluya también la contribución por interacción electrostática en función de integrales de Slater).

h) De esa matriz ¿Qué energías se deducirían para los niveles en aproximación de Russell-Saunders?
¿Qué condiciones deberían cumplir las integrales de Slater y de espín-órbita para que fuese posible aplicar esa aproximación?

Solución

(a) La configuración d^8 es "complementaria" de la d^2, por lo que tendrá los mismos términos $^1S, ^3P, ^1D, ^3F, ^1G$.

(b) De entre los de máximo espín (^3P y ^3F) el término fundamental será el ^3F que tiene mayor L. Será un término invertido (d^8 más que medio lleno) de modo que el estado fundamental será el de mayor J: $^3F_4$.

(c) El subespacio con $M_L M_S$ extremos tiene $|^3F\ 3\ 1\rangle = (2^+1^+0^+-1^+-2^+2^-1^-0^-)$; y en él $(2\cdot1/2+1\cdot1/2+0\cdot1/2+...)\zeta_{3d}=3\cdot1A(^3F)$, por la conservación de traza para ΔH_{SO}, de donde $A(^3F)=-\zeta_{3d}/2$.

(d) El primer nivel excitado será el $^3F_3$. Según la regla de los intervalos de Landé estará separado del fundamental $^3F_4$ en $4A(^3F)=-2\zeta_{3d}$.

(e) Básicamente es un caso particular del $nsn'l$ visto en teoría (figura 5.9), del que eran prototipo los niveles del He. Según la tabla 4.1 el valor "b_l" allí indicado es para este caso $b_2=1/5$, de modo que las correcciones pedidas son $E(^3D)=F^0_{sd}-1/5\ G^2_{sd}$ y $E(^1D)=F^0_{sd}+1/5\ G^2_{sd}$, estando por tanto separados $2/5G^2_{4s4d}$.

(f) Ver figura.

(g) Sólo hay dos estados con $J=1$, por lo que se trata de una matriz 2x2. Los elementos de matriz por interacción electrostática residual son los obtenidos antes y sólo aparecen en la diagonal, la espín-órbita es la dada.

	$^3D_2$	$^1D_2$
$^3D_2$	$F^0_{sd}-1/5\ G^2_{sd}+1/2\ \zeta_{3d}$	$-2/\sqrt3\ \zeta_{3d}$
$^1D_2$	$-2/\sqrt3\ \zeta_{3d}$	$F^0_{sd}+1/5\ G^2_{sd}$

(h) La aproximación Russell-Saunders consiste en tomar como autovalores de esa matriz sólo los elementos de la diagonal, de modo que
$E(^3D_2)= F^0_{sd}-1/5\ G^2_{sd}+1/2\ \zeta_{3d}$ y $E(^1D_2)=F^0_{sd}+1/5\ G^2_{sd}$.
Para que esa aproximación sea válida los elementos fuera de la diagonal deben ser pequeños comparados con la separación entre los diagonales, cosa que queda garantizada si $\zeta_{3d}<<G^2_{sd}$, es decir, si la interacción espín-órbita es mucho menor que la electrostática residual.

6 Perturbación por campos externos estáticos. Efectos Zeeman y Stark

6.1 Para la configuración $1s^2\ 2s^2p^6\ 3s^2p^6d^{10}\ 4s4d$ del Zn I se conoce el valor de las integrales radiales $G^2_{4s4d}=787.8cm^{-1}$ y $\zeta_{4d}=3.3cm^{-1}$. A la vista de esos valores

a) ¿Cabe esperar que sea válida la aproximación Russell-Saunders para estos niveles?

b) Calcular la separación de energía entre sus niveles $^1D_2$ y $^3D_2$.

c) Si tuviese que calcular el efecto de un campo magnético de 3 tesla sobre el nivel $^3D_2$ ¿Debería utilizarse el tratamiento Zeeman o el Paschen-Back?.

Solución

(a) Puesto que $\Delta H_{so}\sim\zeta_{4d}$ y $\Delta H_{el}\sim G^2_{4s4d}$, en este casi $\Delta H_{so}<<\Delta H_{el}$, y por tanto sí cabe esperar que sea válida.

(b) Básicamente es un caso particular del $nsn'l$ visto en teoría, del que eran prototipo los niveles del He. En cuando a la separación electostática, según la tabla 4.1 el valor "b_l" allí indicado es para este caso $b_2=1/5$, de modo que las correcciones a los términos ^1D y ^3D son respectivamente $1/5$ G^2_{4s4d} y $-1/5\ G^2_{4s4d}$, estando por tanto separados $2/5G^2_{4s4d}$. En cuanto a la interacción espín-órbita, ésta no afecta al ^1D pero baja aún más el $^3D_2$ en
$$\Delta E^{SO}(^3D_2)=A/2[J(J+1)-L(L+1)-S(S+1)]=A/2(2\cdot3-2\cdot3-1\cdot2)=-A=-1/2\ \zeta_{4d}.$$
(Siendo la relación entre A y ζ_d del último paso la vista también en teoría para este tipo de configuraciones tipo sl). Con todo
$$E(^1D_2)-E(^3D_2)=2/5G^2_{4s4d}+1/2\ \zeta_{4d}=316'77\ cm^{-1}.$$

(c) Vimos en teoría que para este tipo de configuraciones $nsn'l$, $A(^3L)=\zeta_{nl}/2$, de modo que aquí $A(^3D)=\zeta_{4d}/2=1.7cm^{-1}$. Ello nos permite comparar ese valor con $\mu_B B=0,467\ cm^{-1}/T\ x\ 3T=1.4cm^{-1}$. Dado que ambos valores son similares, estamos en la región en que no serían válidas ni la aproximación Zeeman ni la Paschen-Back, y sería preciso un cálculo más detallado diagonalizando la matriz completa $\Delta H_{so}+\Delta H_m$.

6.2 Estudiar los efectos Zeeman y Paschen - Back en los términos ^2D y ^4D.

Solución

En aproximación Zeeman ($\Delta H_m<<\Delta H_{so}$.) el sistema se describe en la base $|^SL_JM_J\rangle$, aproximando las energías por los valores diagonales del hamiltoniano en ella: $\Delta E_{Zee}=\mu_B Bg_L M_J+A/2[J(J+1)-L(L+1)-S(S+1)]$. Por el contrario, en aproximación Paschen-Back ($\Delta H_m>>\Delta H_{so}$.) describimos el sistema en base $|^SLM_LM_S\rangle$, siendo entonces la diagonal del hamiltoniano $\Delta E_{P-B}=\mu_B B(M_L+2M_S)+AM_LM_S$.

En el caso ^{2}D, $\Delta E_{Zee}=6/5\mu_B BM_J+A$ para $J=5/2$, y $\Delta E_{Zee}=4/5\mu_B BM_J-3/2A$ para $J=3/2$; mientras que en aproximación Paschn-Back $M_L=-2...2$ y $M_S=\pm1$. Las tablas siguientes detallan todas las componentes.

$M_S \setminus M_L$	2	1	0	-1	-2
1/2	$3\mu_B B+A$	$2\mu_B B+A/2$	$\mu_B B$	$-A/2$	$-\mu_B B-A$
-1/2	$\mu_B B-A$	$-A/2$	$\mu_B B$	$-2\mu_B B+A/2$	$-3\mu_B B-A$

$M_J \setminus J$	5/2	3/2
$\pm5/2$	$\pm3/2\mu_B B+A$	
$\pm3/2$	$\pm9/5\mu_B B+A$	$\pm6/5\mu_B B-3/2A$
$\pm1/2$	$\pm3/5\mu_B B+A$	$\pm2/5\mu_B B-3/2A$

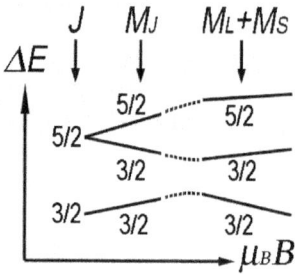

Para campos intermedios, cuando basta con una descripción cualitativa, pueden "empalmarse" las curvas Zeeman y Paschen-Back haciendo corresponder las que tienen el mismo valor de M_J en la primera y M_L+M_S en la segunda, recordando que no deben cruzarse en caso de varias posibilidades.

En cuanto al caso ^{4}D; $M_L=-2...2$ y $M_S=-3/2...3/2$ en aproximaicón Paschen-Back, mientras que en el caso Zeeman

$$\Delta E_{Zee} \quad =10/7\mu_B BM_J \quad +3A \quad \text{para los niveles con} \quad J=7/2$$
$$=48/35\mu_B BM_J \quad -A/2 \quad " \quad " \quad J=5/2$$
$$=6/5\mu_B BM_J \quad -3A \quad " \quad " \quad J=3/2$$
$$= \quad -9A/2 \quad " \quad " \quad J=7/2$$

6.3[1] Se pretende estudiar el efecto de un campo magnético sobre la transición $3s^23d\ ^2D_{3/2}\rightarrow3s^23p\ ^2P_{3/2}$ en Al I. Teniendo en cuenta la información de la tabla:

Término	J	E(cm^{-1})
$3s^23d\ ^2D$	5/2	32 436.80
	3/2	32 435.45
$3s^23p\ ^2P$	3/2	112.06
	1/2	0.00

a) Explicar si en aproximación Zeeman se separarán más las componentes del nivel $^2D_{3/2}$ o las del $^2P_{3/2}$.

---

[1] Problema numerado como 6.4 en la primera impresión del texto. El que en allí se numeraba como 6.3 se incluye ahora en el capítulo 5 numerado 5.11

b) Para un campo aplicado de B=15 tesla, discutir si convendrá utilizar
las aproximaciones Zeeman o Paschen-Back para los distintos niveles
involucrados.

Solución

(a) En aproximación Zeeman $\Delta E_{Zee}=\mu_B B g_L M_J$, de modo que el
desdoblamiento es proporcional al factor de Landé g_L, que depende de los
números cuánticos S,L,J. Utilizando la expresión del apartado 6.1.2 dicho
factor resulta $g_L(^2D_{3/2})=4/5$ y $g_L(^2P_{3/2})=4/3$, de modo que se separarán más
las del $^2P_{3/2}$.

(b) Como se explicó en teoría, utilizar una un otra aproximación depende de
la intensidad de la perturbación magnética comparada con la más pequeña
del átomo aislado (aquí la espín-órbita). La perturbación magnética para
ese campo será del orden de $\mu_B B=0,467\text{cm}^{-1}/\text{T} \times 15\text{T}=7\text{cm}^{-1}$. En cuanto a
las constantes espín-órbita, aplicando la regla de los intervalos de Landé a
los datos se deducen:

$A(^2D)=2/5$ (32 436,80-32 435,45)=0,54cm^{-1} y $A(^2P)=2/3$ (112,06-0)=75cm^{-1}.

Por tanto, para esta intensidad de B, el término ^2D convendría tratarlo en
aproximación Paschen-Back y el ^2P en aproximación Zeeman.

7 Interacción con la radiación

7.1 En el átomo de Ca II se observan sus transiciones $3p^64p\ ^2P - 3p^64s\ ^2S$ con λ_0=393.37 y 396.85 nm.

a) ¿Cuál de ellas procede del estado J=1/2 y cuál del J=3/2?

b) ¿En qué proporción estarían sus intensidades según las reglas de Ornstein – Burger – Dorgelo?

c) Para la que parte del estado J=1/2, ¿cuántas componentes serán visibles al aplicar un campo magnético débil, si se observan en la dirección paralela a dicho campo?

d) ¿Hasta qué intensidad del campo B será aplicable aquí la aproximación Zeeman?, ¿A partir de qué intensidad B se manifestará efecto Paschen-Back?

e) Para la misma línea del apartado (c), calcular el desplazamiento de cada componente respecto a la λ_0 sin perturbar, en presencia de un campo de 10 000 gauss.

Solución

(a) Son $^2P_{J=3/2,1/2}$ pasando a $^2S_{J=1/2}$. Dado que el ^2P es un multiplete "normal", su nivel J=3/2 será el de más energía, por lo que su transición $3/2 \rightarrow 1/2$ será la primera (la de menor λ) y la $1/2 \rightarrow 1/2$ la segunda.

(b) Puesto que parten de un mismo nivel, serán proporcionales al peso estadístico $(2J+1)$ del de llegada, es decir, estarán en proporcion 2:1.

(c) Dado que ambos factores de Landé son diferentes, se separan las 4 componentes indicadas en la figura, pero en dirección paralela al campo magnético sólo son visibles las dos tipo "σ", es decir, las M_J=-1/2$\rightarrow M_J$=-1/2 y M_J=-1/2$\rightarrow M_J$=1/2. (En la figura los trazos indican sólamente la posición de las componentes desdobladas, no sus intensidades reales)

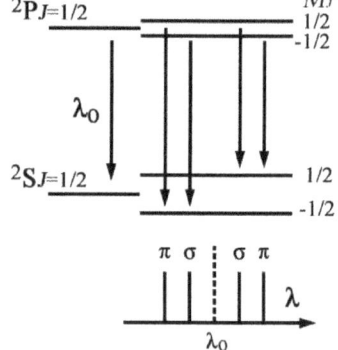

(d) Las dos longitudes de onda dadas nos indican que los niveles ^2P están separados $E(J=3/2)-E(J=1/2)=1/\lambda_1-1/\lambda_2=223 cm^{-1}$ que (por la regla de los intervalos de Landé) corresponde a $3/2\ A(^2P)$. Así pues $A(^2P)$=149cm^{-1}. Para que la perturbación magnética fuese de intensidad comparable debería aplicarse un campo

$B=A/\mu_B=223(cm^{-1})/0,467(cm^{-1}/T)=318T$.

Por ello el efecto de campos mucho más débiles (B<30T) podrá tratarse en aproximación Zeeman, y el de campos mucho más intensos (B<3000T) en aproximación Paschen-Back.

(e) La corrección a la energía de cada nivel dada por $\Delta E_{Zee}=\mu_B B g_L M_J$ se concreta en la tabla, una vez calculados los respectivos factores de Landé

nivel \ M_J	1/2	-1/2	
$^2P_{1/2}$	$1/3\ \mu_B B$	$-1/3\ \mu_B B$	$(g_L=2/3)$
$^2S_{1/2}$	$\mu_B B$	$-\mu_B B$	$(g_L=2)$

Para cada transición el cambio en energía vendrá dado por la suma de cambios en los niveles superior e inferior. Dado que esas diferencias son pequeñas, podremos aproximar $\Delta\lambda/\lambda_0 \approx -\Delta E/E_0$. De ese modo, tomando $E_0 \approx 10^7/397 \text{cm}^{-1}$, los desplazamientos en longitudes de onda pueden estimarse con la expresión $\Delta\lambda \approx -\lambda_0/E_0 \cdot \Delta E \approx -397/(10^7/397)\cdot\Delta E = -\Delta E/63,4$; que proporciona $\Delta\lambda$ en nm si ΔE se toma en cm^{-1}. La tabla detalla los resultados para cada componente, cuyas posiciones relativas ilustra figura anterior.

$M_{Ji} \to M_{Jf}$	$\Delta E_i - \Delta E_f$	ΔE	$\Delta E(\text{cm}^{-1})$	$\Delta\lambda(\text{nm})$
$1/2 \to -1/2$	$1/3\ \mu_B B + \mu_B B$	$4/3\ \mu_B B$	0,62	-0,0098
$-1/2 \to -1/2$	$-1/3\ \mu_B B + \mu_B B$	$2/3\ \mu_B B$	0,31	-0,0049
$1/2 \to 1/2$	$1/3\ \mu_B B - \mu_B B$	$-2/3\ \mu_B B$	-0,31	0,0049
$-1/2 \to 1/2$	$-1/3\ \mu_B B - \mu_B B$	$-4/3\ \mu_B B$	-0,62	0,0098

(Nótese que no hay contradicción entre conocer esos desdoblamientos con cuatro cifras decimales de precisión, aunque la posición de la línea en torno a la que se sitúa esa estructura sólo se conozca con dos cifras decimales.)

7.2 La probabilidad de desexcitación radiativa por unidad de tiempo (Coeficiente de Einstein) para cierto nivel atómico es $A=10^8 \text{s}^{-1}$. ¿Cuál es su vida media?
¿Cuál es la probabilidad de que el nivel haya decaído pasado 1ns? ¿Y pasados 20 ns?

Solución
Como se describió en el apartado 7.2, $\tau=1/A=10$ns en este caso.
Para tiempos muy cortos comparados con esa vida media puede aplicarse la noción de que A es una "probabilidad por unidad de tiempo" para estimar Probabilidad$\approx A \cdot t$. Ello tras 1ns indicaría 0,1 (un 10% razonable) pero tras 20ns daría 2 (un 200% absurdo).
Para tiempos arbitrarios lo correcto es calcular la probabilidad de decaimiento tras un tiempo "t" a partir del número de estados existentes en cada instante $N(t)=N(0)e^{-At}$, resultando Prob$(t)=[N(t)-N(0)]/N(0)=1-e^{-At}$.
Esa expresión indica una probablidad del 9,5% tras 1ns y del 86,5% tras 20ns. Nótese que el desarrollo Prob$(t)=1-e^{-At} \approx At-(At)^2/2+....$ justifica la aproximación inicial, pero sólo si $At\ll 1$.

7.3 El diagrama muestra para el átomo Sc I su estado fundamental ($3d4s^2$ $^2D_{3/2}$) y primeros excitados.

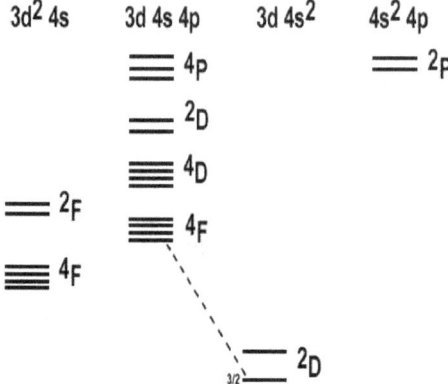

a) Indicar la paridad de todos los niveles.

b) Indicar todas las transiciones permitidas entre ellos en aproximación dipolar eléctrica (solo transiciones entre los términos, sin especificar los niveles)

c) Indicar las transiciones resonantes, especificando el valor J de todos los niveles resonantes.

d) La transición marcada con trazo punteado se observa experimentalmente. Indicar si puede tratarse de una transición dipolar eléctrica y si su presencia aporta alguna información relevante sobre la descripción LS de estos niveles.

Solución

(a) La paridad es $\Pi=(-1)^{\Sigma l_i}$, característica de cada configuración, y se indica en las figuras.

(b) Se indican en la figura de la izquierda, resultado de aplicar todas las reglas de selección excepto las correspondientes s ΔJ.

(c) Son las que llegan al estado fundamental (que por lo visto en el anterior apartado sólo pueden provenir de los ^2D y ^2P) y se indican en la figura de la derecha especificando valores de J.

(d) Esa transición está prohibida por $\Delta S=1$, por lo que su presencia indica que el número cuántico S no debe estar perfectamente definido para estos niveles. Nos indica por tanto un ligero fallo de la aproximación Russell-Saunders, y la necesidad de describirlos en acoplamiento intermedio para justificarla. Nótese que esa transición debe ser E1, no pudiendo ser debida a transiciones con multipolaridad más alta E2 y M1, ya que involucra un cambio de paridad, que es una regla de selección inviolable.

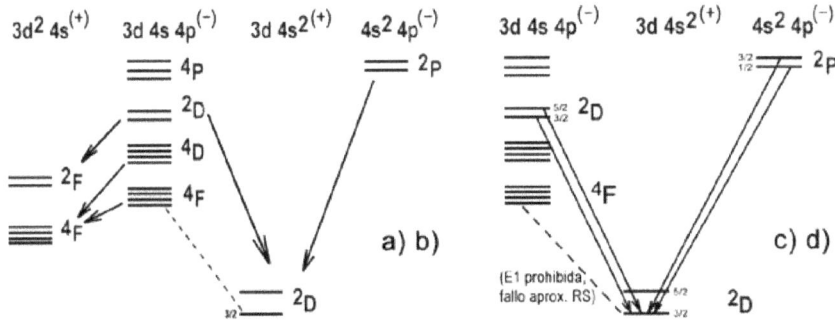

7.4 En un espectro se han observado las intensidades de las transiciones entre dos términos ^{3}D-^{3}P en las proporciones que muestra la tabla. Comprobar si se cumplen las reglas de Ornstein-Burger-Dorgelo para los niveles ^{3}P.

^{3}P \ ^{3}D	J=1	J=2	J=3
J=0	23.5	0	0
J=1	17.9	53.6	0
J=2	1.2	17.9	100

Solución

Esas reglas exigirían que la suma de intensidades que parten de cada componente J fuese proporcional a $2J+1$. Basta sumar esas intensidades por filas y dividir por su correspondiente $2J+1$ para comprobar que efectivamente se cumple muy bien. Por cierto, lo mismo podría hacerse por columnas, observándose entonces que también se cumple para los niveles ^{3}D.

^{3}P \ ^{3}D	J=1	J=2	J=3	$\Sigma_J I_{J,J'}/(2J+1)$
J=0	23.5	0	0	23,5/1=23,5
J=1	17.9	53.6	0	71,5/3=23,8
J=2	1.2	17.9	100	119,1/5=23,8

7.5 La tabla muestra los primeros niveles del átomo de Sc I. Para ellos:

Configuración	Término	J	$E(cm^{-1})$
$3d4s^2$	^2D	3/2	0
		5/2	168.3
$3d^24s$	^4F	3/2	11 520.0
		5/2	11 557.7
		7/2	11 610.3
		9/2	11 677.4
$3d^24s$	^2F	5/2	14 926.7
		7/2	15 041.9
$3d4s4p$	$^4D^o$	1/2	15 672.6
		3/2	15 756.6
		5/2	15 881.8
		7/2	16 026.6

a) Suponiendo válido el acoplamiento LS, indicar todas las transiciones dipolares eléctricas permitidas entre esos términos electrostáticos, y al menos cuatro transiciones entre sus niveles.

b) Indicar las transiciones resonantes y niveles metaestables (si los hay).

c) Obtener una expresión que proporcione (en aproximación Zeeman) el desdoblamiento del nivel $^2F_{5/2}$ bajo un campo magnético, en función de su intensidad. Indicar hasta qué intensidad del campo magnético será válida dicha expresión. Utilizarla para determinar la separación entre las componentes de $M_J=1/2$ y $-1/2$ para $B=1$ tesla, si fuese aplicable para dicha intensidad de campo B.

Solución

(a) Las tres primeras configuraciones tienen todas la misma paridad (pares) por lo que no es posible ninguna transición entre ellas. La última configuración si podría decaer a las otras (distinta paridad y cambio de sólo un electron en cada caso), aunque las restricciones de espín sólo permitirían transiciones ^4D-^4F.

(b) Resonantes son las transiciones al estado fundamental, $3d4s^2$ $^2D_{3/2}$, y por lo visto en los anteriores apartados no hay ninguna. Niveles metaestables son los que no pueden decaer a ningún otro, y en este caso serían todos menos el fundamental y los ^4D (que decaen al ^4F).

(c) El factor de Landé para el $^2F_{5/2}$ vale $g_L=3/2+[1/2 \cdot 3/2-3 \cdot 4]/[2 \cdot 5/2 \cdot 7/2]=6/7$. Por ello el desdoblamiento pedido puede expresarse

$$\Delta E_{Zee}=\mu_B B g_L M_J=0,467 \cdot 6/7 \cdot M_J B \ cm^{-1} \ \text{(para } B \text{ en tesla).}$$

La constante espín-órbita puede deducirse a partir de la regla de los intervalos de Landé $A(^2F)=(15 \ 041,9-14 \ 926,7):7/2=32,9 cm^{-1}$. Una perturbación magnética de intensidad comparable correspondería a un campo $B \sim A/\mu_B=32,9(cm^{-1})/0,467(cm^{-1}/T)=70T$. Por ello, la anterior expresión será válida hasta campos del orden de 7T. En particular sería válida para $B=1T$, proporcionando una serparación entre $M_J=1/2$ y $-1/2$ de $E(1/2)-E(-1/2)=0,467 \cdot 6/7 \cdot (1/2+1/2) \cdot 1=0,40 cm^{-1}$.

7.6 El diagrama de la figura muestra los primeros niveles de energía del C I, incluido el estado fundamental que pertenece a la configuración $2s^2 2p^2$.

a) Indicar todas las transiciones dipolares eléctricas permitidas entre esos términos, sin detallar niveles J.

b) Indicar alguna transición prohibida que pudiese observarse en caso de no ser exacta la aproximación Russell-Saunders, explicando qué la haría posible.

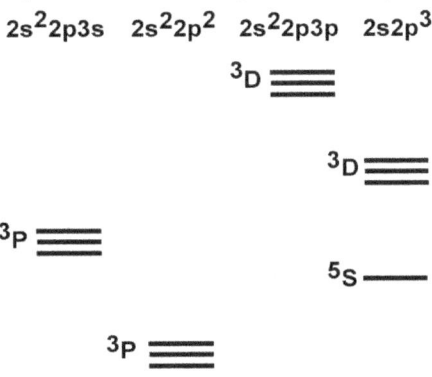

c) Determinar el valor de J del estado fundamental, e indicar alguna transición resonante detallando sus valores J de partida y llegada.

d) ¿Existe algún nivel metaestable?

Solución

(a) En primer lugar se determina la paridad de cada configuración. A continuación, entre las transiciones que serían posibles respetando el cambio de paridad, se comprueba cuántos electrones cambiarían en el paso de unas a otras. Esto último descarta transiciones $2s^2 2p3p$-$2s2p^3$. Entre las restantes quedan permitidas todas las indicadas en la figura de la izquierda, que respetan $\Delta S=0$ y $\Delta L=0,\pm1$.

(b) Si mantenermos las reglas de selección entre configuraciones (por paridad y cambio de electrones) la única que podría añadirse es la indicada con línea de trazos. Sería posible si el espín no estuviese bien definido por no ser exacta la aproximación Russell-Saunders.

(c) El estdo fundamental será del nivel más bajo del $2s^2 2p^2$ ^{3}P. Procediendo de una configuración p^2 debe ser un multiplete normal, de modo que se tratará de $J=0$. Las transiciones resonantes que lleguen a él sólo pueden proceder de niveles con $J=1$ (0-0 y 2-0 están prohibidas) de modo que sólo existen las dos indicadas en la figura de la derecha.

(d) Niveles metaestables son los que no pueden decaer a ninguno de los que existen bajo ellos. Eso sólo ocurre con los $^3P_{J=1,2}$ del término fundamental, y también (si la aproximación Russell-Saunders fuese exacta en este átomo) con el ^{5}S.

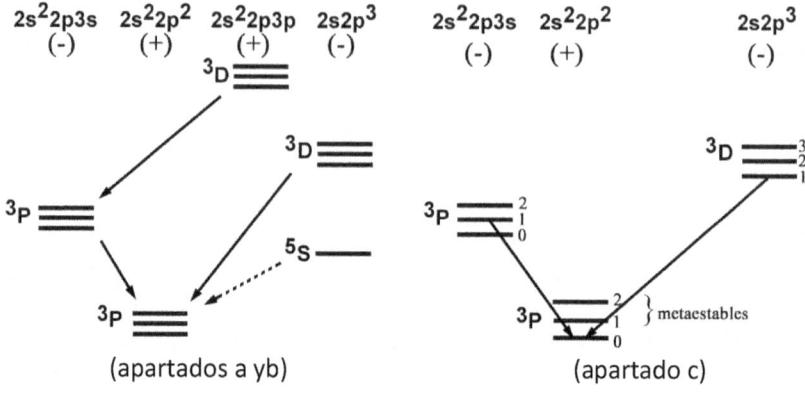

(apartados a yb)   (apartado c)

7.7 En el espectro del sodio emitido por cierta lámpara de descarga se observan las líneas correspondientes a las tres transiciones ns $^2S_{1/2} \rightarrow 3p$ $^2P_{3/2}$ (n=6,7,8) con intensidades respectivas de 1040, 112 y 17. Las probabilidades de emisión espontánea A para esas tres transiciones son conocidas, y se encuentran tabulados los valores respectivos $2.2 \times 10^6 s^{-1}$, $1.2 \times 10^6 s^{-1}$ y $0.36 \times 10^6 s^{-1}$. Las energías de ligadura de los niveles 6s, 7s y 8s también son conocidas, y valen 0.631, 0.428 y 0.309eV respectivamente.

a) Analizar si puede considerarse que el plasma se encuentra aproximadamente en equilibrio termodinámico, y en caso afirmativo estimar su temperatura.

b) Estimar el coeficiente de Einstein A para la transición 6d $^2D_{5/2} \rightarrow 3p$ $^2P_{3/2}$ sabiendo que, en las mismas condiciones, se observa esa línea espectral con una intensidad de 560. (La energía de ligadura del nivel 6d es de 0.38eV)

(Será útil el valor de la constante de Boltzmann $k_B = 8.62 \times 10^{-5}$ eV/K)

Solución

(a) Según el apartado 7.5, en caso de equilibrio termodinámico la cantidad $\ln(I_{if}/A_{if}g_i)$ debe resultar una recta de pendiente $1/K_B T$ al representarse en función de la energía de cada nivel de partida E_i. La tabla muestra los valores correspondientes, y la gráfica muestra que efectivamente dichos puntos se ajustan muy bien a una recta que cae una unidad cada 0,14eV. Eso sugiere

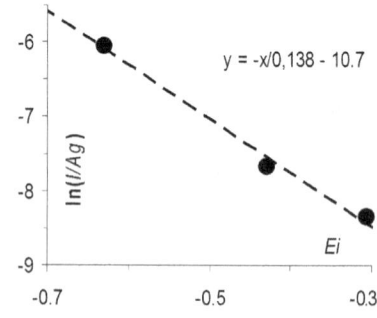

que efectivamente la población de los niveles se encuentra en equilibrio a una temperatura de

$T = 0,14(eV)/8,62 \times 10^{-5}$ (eV/K)=1600K

(b) En la tabla se incluye también esa transición, indicando con flechas los valores deducidos: según el ajuste lineal, a su energía correspondería un valor de $\ln(I/gA)=-7,95$ y por tanto un coeficiente de Einstein $A=2,5\ 10^6\ s^{-1}$.

i	f	I_{if}	g_i	A_{if}	$\ln(I/gA)$	Ei
6s	3p	10400	2	$2{,}2\ 10^6$	-6.05	-0.631
7s	3p	1120	2	$1{,}2\ 10^6$	-7.67	-0.428
8s	3p	170	2	$3{,}6\ 10^5$	-8.35	-0.309
6d	3p	5600	6	$2{,}6\ 10^6$ ←	-7.95 ←	-0.38

(Problema recopilatorio: cubre todos los temas tratados de Física Atómica)
7.8 Considérese el nivel $1s^2\ 2s2p^2\ ^4P_{1/2}$ del átomo C II (Z=6) .

a) En aproximación de Campo Central, ignorando el resto de correcciones:
- Indicar cuál sería su degeneración (de la configuración).
- Justificar qué valores podrían estimarse para las energías de ligadura de los electrones 1s y 2p en unidades atómicas (suponer aplicable para el 2p la fórmula de Rydberg, ignorando el defecto cuántico involucrado, pero indicando cuál sería su efecto).
- Indicar cuál será el comportamiento del orbital $P_{2p}(r)$ para distancias muy próximas al origen, y para distancias muy grandes (suponer como energía de ligadura la estimada en el apartado anterior).

b) Introducida la corrección por interacción electrostática residual:
- Indicar cuál será la degeneración resultante (del término electrostático).
- Calcular las correcciones a su energía respecto a la anterior aproximación (expresarlas en términos de las integrales radiales $F^K_{n'l'nl}$ y $G^K_{n'l'nl}$ necesarias)
- Determinar el resto de términos electrostáticos en que se desdobla esta configuración.
- Explicar si cabe esperar que el término electrostático dado sea el de más baja energía de la configuración.

c) Introducida además la corrección por interacción espín - órbita:
- Indicar cuál será la degeneración resultante (del nivel).
- Determinar para el ^4P la constante A de espín-órbita en términos de integrales ζ_{nl} , y expresar en función de ella cuánto vale esta corrección para el nivel dado.
- A la vista del anterior resultado explicar si este multiplete es normal o invertido, y si esto podría haberse sabido antes de hacer dicho cálculo.

d) Sabiendo que para esta configuración $\zeta_{2p}=39cm^{-1}$ y que la separación entre sus términos electrostáticos es del orden de $30\ 000cm^{-1}$ ¿cabe esperar que sean importantes los efectos de acoplamiento intermedio?

e) Sobre el efecto de aplicar un campo magnético B=1 tesla a ese nivel

- Explicar si será aplicable alguno de los tratamientos aproximados Zeeman o Paschen-Back.
- Suponiendo válida la aproximación Zeeman, calcular la separación de energía entre las componentes M_J resultantes.

f) Sabiendo que el estado fundamental de este ión es el $1s^2\,2s^2\,2p\,{}^2P_{1/2}$
- ¿Es permitida la transición resonante desde el nivel ${}^4P_{1/2}$ dado?
- Indicar si hay transiciones resonantes permitidas desde los niveles del término $1s^2\,2s\,2p^2\,{}^2D$.

Solución

(a) La degeneración es $\binom{2}{1}\binom{6}{2}$=2x15=30 estados con números cuánticos $2s2p^2$.

- La energía del orbital $1s$, por ser muy interno (capa K) puede aproximarse por una expresión hidrogenoide. Suponiendo para él un apantallamiento $\sigma_k \approx 2$ le correspondería $E_{1s} \approx -13,6\,(6-2)^2/1^2 = -218\,eV$.

  El orbital $2p$ es externo, y suponiendo válida para él la fórmula de Rydberg con carga efectiva $Z^*=2$ (ión +), podemos estimar una energía
  $E_{2p} \approx -13,6\,2^2/(2-\delta_p)^2 < -13,6\,2^2/2^2 = -13.6\,eV = -0.5\,u.a.$
  El defecto cuántico δ_p, que hemos ignorado por desconocerlo, hará que el nivel esté más ligado que ese valor.

- El comportamiento asintótico de ese orbital debe ser
  $$P_{2p}(r) \approx r^{l+1} = r^2 \text{ (para } r << \text{) y } P_{2p}(r) \approx e^{-\sqrt{-2\varepsilon}r} = e^{-r} \text{ (en u.a. para } r >> \text{).}$$

(b) Ignorando la interacción espín-órbita, la degeneración del término ${}^4P$ será $(2S+1)(2L+1)$=4x3=12.

- Ese término es el de maximo S y L posibles en su configuración, cuyos máximos $M_L M_S$ corresponderían al determinante de Slater $(0^+,1^+0^+)$. Por ello $|{}^4P\ M_L=1\ M_S=3/2\rangle = (0^+,1^+0^+)$ y, respecto a la aproximación de Campo Central, le corresponderá una corrección por interacción electrostática residual:
  $\Delta E_{el}({}^4P) = \langle 0^+,1^+0^+|\Sigma_{i<j}1/r_{ij}|0^+,1^+0^+\rangle =$
  (respectivamente para parejas de electrones $0^+,1^+$ $0^+,0^+$ y 1^+0^+)
  $= (F^0_{sp}-1/3\ G^1_{sp}) + (F^0_{sp}-1/3\ G^1_{sp}) + (F^0_{pp}-2/25\ F^2_{pp}-3/25\ G^2_{pp}) =$
  $= 2F^0_{sp}-2/3\ G^1_{sp} + F^0_{pp}-1/5\ F^2_{pp}$ *(dado que $F^2_{pp}=G^2_{pp}$)*

- Los términos electrostáticos de esta configuración son ${}^2S,{}^2P,{}^4P,{}^2D$; como ya se mostró en el problema 5.3(a).

- Como la configuración es del tipo sl^m, las reglas de Hund le son aplicables, y por ello su término ${}^4P$ será el de más baja energía.

(c) El nivel ${}^4P_{1/2}$ contiene $2J+1$=2 estados M_J, degenerados en ausencia de correcciones adicionales (camos externos aplicados).

- En el subespacio $|M_L M_S\rangle = |1\ 3/2\rangle$, de la igualdad
  $|{}^4P\ M_L=1\ M_S=3/2\rangle = (0^+,1^+0^+)$
  deducimos para para la traza de $\Delta \mathbf{H}_{SO}$ que
  $0\cdot1/2\cdot\zeta_s + (1\cdot1/2+0\cdot1/2)\zeta_p = 1\cdot3/2\cdot A({}^4P) \to A({}^4P)=1/3\zeta_p$.
  Con ello $\Delta E_{so}({}^4P_{1/2}) = A/2\,[J(J+1)-L(L+1)-S(S+1)] = -5/2A = -5/6\zeta_p$.

- Puesto que las integrales son siempre positivas, $A(^4P)$ también lo será, y el multiplete será normal. Para esta configuración son válidas las reglas de Hund, de modo que eso era de esperar tratándose de un orbital "menos que medio lleno".

(d) Dado lo pequeña de las correcciones espín-órbita comparadas con la electrostática residual, cabe esperar que la aproximación Rusell-Saunders sea my buena y los efectos de acoplamiento intermedio pequeños.

(e) Para un campo $B=1T$, $\mu_B B=0{,}467cm^{-1}$ que es pequeño comparado con $A(^4P)=1/3\zeta_p=13cm^{-1}$; de modo que será aplicable la aproximación Zeeman.

- En esa aproximación $\Delta E_{Zee}=\mu_B B g_L M_J$, con
  $$g_L(^4P_{1/2})=3/2+[3/2\cdot5/2-1\cdot2]/[2\cdot1/2\cdot3/2]=8/3$$
  por lo que $\Delta E_{Zee}=1{,}245 M_J\,cm^{-1}$.

(f) La transición (resonante) del $1s^2\,2s2p^2\ ^4P_{1/2}$ al fundamental $1s^2\,2s^2\,2p\ ^2P_{1/2}$ está prohibida por tener distinto espín (aunque el resto de reglas de selección sí se cumplirían).

- Desde el término $1s^2\,2s\,2p^2\ ^2D$ sí se cumplirían todas las reglas de selección (cambia paridad, cambia sólo un electrón 2p-2s, $\Delta S=0$, cambia $\Delta L=1$), pero de sus dos niveles ($J=3/2$ y $5/2$) sólo sería posible desde el $^2D_{3/2}$ (por $\Delta J=1$).

Parte II. Física Molecular

9 Espectroscopía de moléculas diatómicas

9.1 La molécula HCl en su estado $X^1\Sigma^+(v=0)$ tiene un espectro rotacional puro formado por líneas aproximadamente equidistantes 21cm^{-1}. Hallar su momento de inercia y distancia internuclear.

Solución

Esas líneas son transiciones con $\Delta J=\pm 1$ entre los niveles de energías $E_J=\hbar^2/2I_0 \; J(J+1)=BJ(J+1)$, de modo que corresponden a saltos $E_{J'+1}-E_J=2B(J+1)$, y por ello $21 \text{cm}^{-1}=2B=\hbar^2/2I_0$ nos permite deducir el momento de inercia. Convendrá expresar esa energía en S.I., cosa que puede hacerse de muchas formas (por ejemplo combinando el factor "1240" que pasa λ en nm a energía en eV, y el "e" que pasa éstos a J)

$2B=21 \text{cm}^{-1}=(\text{x}1,24 \cdot 10^{-4})=2,6 \cdot 10^{-3}\text{eV}=(\text{x}1,60 \cdot 10^{-19})=4,17 \cdot 10^{-22}\text{J}$.

Así $I_0=\hbar^2/2B=(1,06 \cdot 10^{-34})^2/4,17 \cdot 10^{-22}\text{J}=2,7 \cdot 10^{-47}\text{kg m}^2$.

La distancia de enlace puede deducirse de $I_0=\mu R_0^2$, calculando primero la masa reducida de la molécula

$\mu=M_{Cl}M_H/(M_{Cl}+M_H)=(35\text{x}1)/(35+1)=0,97\text{uam}=(\text{x}1,66 \cdot 10^{-27})=1,61 \cdot 10^{-27}\text{kg}$

De modo que $R_0=(I_0/\mu)^{1/2}=...=1,27 \cdot 10^{-10}\text{m}=1,27\text{Å}$

9.2 En aproximación de oscilador armónico, la misma molécula HCl tiene en su estado fundamental $\hbar\omega_0=2886 \text{cm}^{-1}$. Determinar la estructura rotacional de la transición v"=1 $\rightarrow$ v'=0 (primero ignorando otras correcciones, después incluyendo el acoplamiento vibración-rotación con a=0.3cm^{-1}).

Solución

Si ignoramos otras correcciones las líneas son transiciones entre los niveles de energía $E_{v,J}=E_{el}+\hbar\omega_0(v+1/2)+BJ(J+1)$, teniendo dos grupos:

Rama P ($\Delta J=-1$): $E^P_J=E_{v=1,J-1}-E_{v=0,J}=\hbar\omega_0-2BJ$ (con $J=1,2,3...$)

Rama R ($\Delta J=+1$): $E^R_J=E_{v=1,J+1}-E_{v=0,J}=\hbar\omega_0+2B(J+1)$ (con $J=0,1,2,3...$)

(no existe rama Q con $\Delta J=0$ por tener el estado $\Lambda=0$)

De modo que se trata dos secuencias de líneas equidistantes $B=21\text{cm}^{-1}$ por encima y por debajo del centro de la banda $\hbar\omega_0$; como se ilustra más abajo, y similar a las figuras 9.11 y 9.12.

Si incluimos la interacción vibración-rotación, las energías serán

$E_{v,J}=E_{el}+\hbar\omega_0(v+1/2)+[B-a(v+1/2)]\,J(J+1)=E_{el}+\hbar\omega_0(v+1/2)+B_vJ(J+1)$.

que supone un valor B_v ligeramente distinto para cada estado vibracional. Visto así, el valor del problema anterior era realmente $2B_0=21\text{cm}^{-1}$ (el observado en el estado $v=0$). De la relación $B_0=B-a(0+1/2)=21/2$ deducimos $B=10,65\text{cm}^{-1}$, y con ello $B_1=B-a(1+1/2)=10,2\text{cm}^{-1}$. Así ahora:

$E^P_J=E_{v=1,J-1}-E_{v=0,J}=\hbar\omega_0+B_1(J-1)J-B_0J(J+1)$
(con $J=1,2,3...$)

$E^R_J=E_{v=1,J+1}-E_{v=0,J}=\hbar\omega_0+B_1(J+1)(J+2)-B_0J(J+1)$
(con $J=0,1,2...$)

Con esta corrección el espectro tiene un aspecto similar, pero las líneas ya no son exactametne equidistantes. La tabla muestra el resultado de esas expresiones sustituyendo los posibles valores de J, y la figura ilustra esos pequeños desplazamientos de las líneas.

línea		$a=0$		$a=0,3\text{cm}^{-1}$	
tipo	J	$E(\text{cm}^{-1})$	$\lambda(\mu m)$	$E(\text{cm}^{-1})$	$\lambda(\mu m)$
...	...	...	...	...	...
R	2	2 949	3,391	2 945	3,395
R	1	2 928	3,415	2 926	3,417
R	0	2 907	3,440	2 906	3,441
[Q]	[ausente]	[2 886]	[3,465]	[2 886]	[3,465]
P	1	2 865	3,490	2 865	3,490
P	2	2 844	3,516	2 843	3,517
P	3	2 823	3,542	2 821	3,545
...	...	...	...	...	...

9.3 Para la molécula de OH se conocen los datos espectroscópicos de la tabla (en cm^{-1}).

Estado	E_e	$\hbar\omega_0$	B	a	$\beta\hbar\omega_0$
$X\,^2\Pi_{3/2}$	0	3735.2	18.87	0.714	82.8
$A\,^2\Sigma^+$	32682.5	3184.3	17.36	0.807	97.8

a) Determinar la distancia internuclear del estado fundamental.

b) ¿Cuánto cambian E_e, $\hbar\omega_0$ y B si se sustituye el H por deuterio?

c) Para el espectro electrónico $X\,^2\Pi_{3/2}$ - $A\,^2\Sigma^+$, determinar los orígenes de sus bandas v'',v'=0,1,2.

d) ¿Qué ramas rotacionales presentan esas bandas? ¿Qué líneas rotacionales están presentes?

e) Para la banda v''=0→v`=1, determinar la posición de su cabeza y sentido de degradación.

Solución

(a) Como en el primer ejercicio, se trata simplemente de usar la relación $B=\hbar^2/2I=\hbar^2/2\mu R^2$ para despejar R, tras expresar B y μ en unidades S.I.

$B=18,87cm^{-1}=(x1,24\,10^{-4})=2,34\,10^{-3}eV=(x1,60\,10^{-19})=3,7\,10^{-22}J.$

$\mu=(16x1)/(16+1)=0,941uma=(x1,66\,10^{-27})=1,56\,10^{-27}kg$

$R=\hbar/(2\mu B)^{1/2}=1,06\,10^{-34}/(2\,1,56\,10^{-27}x\,3,7\,10^{-22})^{1/2}=0,989\,10^{-10}m=0,989Å$

(b) E_{el} no cambia (es puramente electrostático en aproximación B-O), pero en ω_0 y B interviene la masa reducida, que sí cambia, de modo que:

Para el H: $\mu^H=(16x1)/(16+1)=0,941$

Para el D: $\mu^D=(16x2)/(16+2)=2,778$

De $\omega_0=\sqrt{(K/\mu)}$ se tiene $\hbar\omega^D/\hbar\omega^H=\sqrt{(\mu^H/\mu^D)}=0,727=$ -27%

De $B=\hbar^2/2\mu R^2$ se tiene $B^D/B^H=\mu^H/\mu^D=0,529=$ -47%

(Nótese que tampoco cambian K ni R, también puramente electrónicos).

(c) De la expresión para la energía de los niveles, incluidas correcciones,

$E_{v,J}=E_{el}+\hbar\omega_0(v+1/2)-\hbar\omega_0\beta(v+1/2)^2+[B-a(v+1/2)]J(J+1)$

Interesa para este apartado únicamente la posición de los niveles vibracionales v=0,1,2. Para cada estado electrónico, una vez introducidas en esa expresión las constantes E_e, $\hbar\omega_0$ y $\hbar\omega_0\beta$, se obtienen los valores de la siguiente tabla (por ejemplo el estado v=1 del estado fundamental X es simplemente 0+3735,2x3/2-82,8x9/4=5416,5).

E_e+E_v	v=0	v=1	v=2
$A\,^2\Sigma^+$	34 250,2	37 238,9	40 032,0
$X\,^2\Pi_{3/2}$	1 846,9	5 416,5	8 820,5

Cada pareja de números de esa tabla determina el origen de una banda, dado por su diferencia. Las dos tablas siguientes, denominadas "Tablas de Deslandre", muestran esos valores. Se muestran dos versiones, en cm^{-1} y en nm, relacionadas simplemente por $\lambda(nm)=10^7/E(cm^{-1})$.

		A $^2\Sigma^+$					A $^2\Sigma^+$	
$v'\backslash v''$	0	1	2		$v'\backslash v''$	0	1	2
X $^2\Pi_{3/2}$ 0	32 403	35 392	38 185	X $^2\Pi_{3/2}$ 0		308,6	282,5	261,9
1	28 834	31 822	34 616	1		346,8	314,2	288.9
2	25 430	28 418	31 212	2		393,2	351,9	320,4
		E(cm^{-1})					λ(nm)	

La posición de esas bandas se podría representar aproximadamente como indica la figura

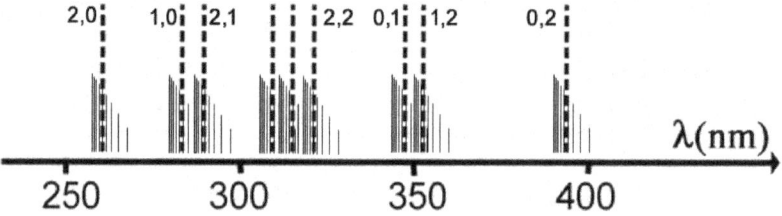

(d) Además de las ramas P y R, estará presente también la rama Q, dado que uno de los estados (el fudamental) tiene $\Lambda\neq0$. La energía y valor de J (inferior) que etiqueta cada línea serán los siguientes:

Rama P $(J-1\leftrightarrow J)$: $E^P_J=\Delta(E_e+E_v)+B_{v''}{}^A(J-1)J-B_{v'}{}^X J(J+1)$

Rama Q $(J\leftrightarrow J)$: $E^Q_J=\Delta(E_e+E_v)+B_{v''}{}^A J(J+1)-B_{v'}{}^X J(J+1)$

Rama R $(J+1\leftrightarrow J)$: $E^R_J=\Delta(E_e+E_v)+B_{v''}{}^A(J+1)(J+2)-B_{v'}{}^X J(J+1)$

(donde los $\Delta(E_e+E_v)$ son los orígenes de banda dados en la tabla anterior). Puesto que en el estado fundamental J puede comenzar en 3/2 y en el excitado en 1/2, es fácil comprobar que para las tres ramas el J (inferior) recorre los valores 3/2,5/2,7/2, … En caso de haberse pedido estudiar el otro estado electrónico con X $^2\Pi_{1/2}$, por tener Ω=1/2 su primer valor de J comenzaría en 1/2, y por ello el índice J de la rama P recorrería los mismos valores, pero el de las Q y R tomaría los J=1/2,3/2,5/2…

(e) Como vimos en teoría, las expresiones anteriores de las líneas P y R se pueden reunir en una única $E^{PR}_m=\Delta(E_e+E_v)+(B_0{}^A-B_1{}^X)m^2-(B_0{}^A+B_1{}^X)m$ con el convenio de que la variable "m" toma tanto valores positivos (que representan J) como negativos (representando $-J$-1). Ello facilita localizar su valor extremo (cabeza de la banda), que corresponde al vértice de la parábola $m_c=(B_0{}^A+B_1{}^X)/2(B_0{}^A-B_1{}^X)$. Para determinar ese valor primero debemos evaluar las constantes rotacionales $B_v=B-a(v+1/2)$ específicas de cada uno de los estados vibracionales que intervienen:

$B_0{}^A=B^A-a^A(0+1/2)=16,96$ y $B_1{}^X=B^X-a^X(1+1/2)=17,8$.

Con ello se obtiene m_c=-20,7. El ser un valor negativo indica que la cabeza estará en la rama R para el valor de J más próximo a 20,7-1 que es J_c=19,5 (recuérdese que en este caso J sólo toma valores semienteros). La energía de esa cabeza puede obtenerse introduciendo ese valor en la expresión de la rama R (o bien el -20,5 en la rama P):

$E_c=E^P_{J=-20,5}=E^R_{J=19,5}$=29 194cm^{-1} que corresponde a λ=342,5nm.

Por ser $(B_0^A - B_1^X) < 0$ la anterior expresión E^{PR}_m tiene coeficiente cuadrático negativo, y por tanto estas bandas estan degradadas hacia el rojo, es decir, "se estiran" hacia energías bajas (eso ya se representó esquemáticamente en la anterior figura).

9.4 Los parámetros del potencial de Morse para la molécula I_2 en su estado fundamental son $D_e = 1.56$eV, $R_0 = 2.66$Å y $\alpha = 1.86$ Å^{-1}. Considerando el isótopo estable del I, de masa = 127 uma,

a) Obtener las constantes $\hbar\omega_0$ y B_r (expresadas en cm^{-1}) y la energía de disociación.

b) Calcular la separación que existiría entre las líneas de su espectro rotacional puro (despreciando correcciones).

c) Calcular la energía en que se encontraría centrada su banda vibro-rotacional 1-0 (despreciando correcciones).

d) ¿Es posible observar los espectros considerados en los dos anteriores apartados?

e) ¿En cuánto difieren D_e y energía de disociación de esta molécula de los valores para la formada por dos isótopos del I con peso atómico 131uma?.

Solución

(a) En primer lugar conviene expresar esas constantes en unidades del S.I.:

$\mu = 127/2$ uma $= (x1,66 \cdot 10^{-27}) = 1,054 \cdot 10^{-25}$kg.

$\alpha = 1,86$Å$^{-1} = (:10^{-10}) = 1,86 \cdot 10^{10}$m^{-1}.

$D_e = 1,56$eV $= (x1,60 \cdot 10^{-19}) = 2,50 \cdot 10^{-19}$J.

$R_0 = 2,66$Å $= (x10^{-10}) = 2,66 \cdot 10^{-10}$m.

Las cantidades pedidas se obtienen entonces fácilmente

$\hbar\omega_0 = \hbar\alpha(2D_e/\mu)^{1/2} = ... = 4,3 \cdot 10^{-21}$J $= (:1,24 \cdot 10^{-4} : 1,60 \cdot 10^{-19}) = 216$cm^{-1}.

$B = \hbar^2/2\mu R_0^2 = ... = 7,46 \cdot 10^{-25}$J $= (:1,984 \cdot 10^{-23}) = 0,038$cm^{-1}.

La energía de disociación $D_e - \hbar\omega_0/2 = 1,56$eV $- 4,3 \cdot 10^{-21}/2 : 1,60 \cdot 10^{-19}$eV $= 1,55$eV.

(b) $2B = 2 \cdot 0,038$cm$^{-1} = 0,075$cm^{-1}.   (c) $\hbar\omega_0 = 216$cm^{-1}.

(d) No, por ser homonuclear no presenta esos dos espectros.

(e) D_e es el mismo para ambos isótopos (es puramente electrostático) pero $D_0 = D_e - \hbar\omega_0/2$, y $\hbar\omega_0$ depende de la masa nuclear. En concreto $\hbar\omega_0 \propto {}^1/\sqrt{\mu}$, de modo que $\hbar\omega^{127}/\hbar\omega^{131} = \sqrt{(\mu^{131}/\mu^{127})} = \sqrt{(131/127)} = 1,031$. Si $\hbar\omega^{127}/2 = 108,0$ entonces $\hbar\omega^{131}/2 = 106,3$ y por tanto $D_0^{131} - D_0^{127} = 108,0 - 106,3 = 1,7$cm^{-1}.

9.5 La figura adjunta muestra algunas bandas del CN en la región violeta del espectro, debidas a la transición electrónica entre sus estados $B^2\Sigma$ y $X^2\Sigma$.

a) ¿Cuál es el sentido de degradación de la banda 1-2?

b) Razonar si es mayor la distancia media de enlace en el estado electrónico excitado con v=1 o en el fundamental con v=2.

c) ¿Qué ramas presentan estas bandas?

d) Como es habitual, las líneas del espectro rotacional puro de esta molécula se encontrarán en energías múltiplo de su constante rotacional B. ¿Serán múltiplos pares o impares de ella?

Solución

(a) Se observa degradado hacia la izquierda, donde se encuentran las λ más cortas, es decir "hacia el azul".

(b) Por lo anterior, las parábolas de Deslandre deben "extenderse" hacia energías altas, de modo que los coeficientes cuadraticos en $B^{sup}J'(J'+1)-B^{inf}J(J+1)$ deben ser positivos. Puesto que $B=\hbar^2/2\mu R^2$, tener $B^{sup}>B^{inf}$ significa que $R^{sup}<R^{inf}$.

(c) Se trata de una transición con $\Lambda=0\leftrightarrow\Lambda=0$, de modo que está prohibida la rama Q, y sólo presenta ramas P y R.

(d) Como $\Omega=1/2$, J toma valores 1/2,3/2,... semienteros, de modo que J+1 será también semientero y 2(J+1) impar. De ese modo las energías $E_{J+1}-E_J=2B(J+1)$ son múltiplos impares de B en este caso.

9.6 Las separaciones de los niveles vibracionales observados para H_2^+ son (para transiciones 1→0, 2→1, ...) respectivamente: 2191, 2064, 1941, 1821, 1705, 1591, 1479, 1368, 1257, 1145, 1033, 918, 800, 677, 548, 411, 265 y 117 (cm^{-1}). Determinar la energía de disociación de la molécula.

¿Qué valor podría estimarse conociendo solo los 5 primeros valores? (extrapolando los desconocidos)

Solución

Para ionizar la molécula bastaría con ir excitándola de cada estado v al siguiente hasta llegar al último, por ello conocidos todos los estados vibracionales es inmediato

$D_0=E(v=0\rightarrow1)+E(v=1\rightarrow2)+E(v=2\rightarrow3)+...=21\,331\,cm^{-1}$.

Si no se conociesen todos hay varias opciones para aproximar su suma.

a) Suponiendo válida la expresión $E_v=\hbar\omega_0(v+1/2)-\hbar\omega_0\beta(v+1/2)^2$, tendremos para las diferencias $E(v\rightarrow v+1)=\hbar\omega_0[1-2\beta(v+1)]$, de modo que representadas en función de v se podrá ajustar su pendiente $-2\hbar\omega_0\beta$, y a continuación utilizar la relación $D_e=\hbar\omega_0/4\beta$. Tanto esta expresión como la usada para E_v sólo son exactas para un potencial de Morse, de modo que este tratamiento equivale a aproximar el potencial por ese modelo.

b) Un método "gráfico" denominado "Extrapolación de Birge-Spooner" consiste en representar los valores $E(v\rightarrow v+1)$ disponibles en función de v, extrapolar la recta que los ajusta, y tomar como valor de D_0 el área bajo dicha recta. Como ilustra la 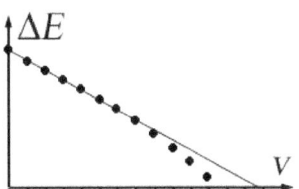 figura, normalmente los primeros valores suelen encontrarse sobre la recta (correspondiente a la expresión indicada en el método anterior), pero los más altos se desvían de ella (debido a correcciones más elevadas de la anarmonicidad). Suponer ese ajuste a una recta es la misma aproximación usada en el método (a), de modo que ambos métodos proporcionan el mismo resultado.

Utilizando el primer método, en este caso los valores $v=0...4$ se aproximan bastante bien a la recta $E(v\rightarrow v+1)\approx2187,4-121,5v$ de donde se deducen $\hbar\omega_0\approx2308,9$ y $\beta\approx0,02631$, y con ellos

$D_0=D_e-\hbar\omega_0/2=\hbar\omega_0/4\beta-\hbar\omega_0/2\approx20\ 785\,cm^{-1}$.

9.7 En el espectro de la figura se puede observar emisión de la molécula de $^{12}C^{16}O$ así como líneas del átomo O I. Las bandas moleculares corresponden a la transición electrónica $B^1\Sigma^+-A^1\Pi$ y forman parte del denominado "sistema de Angstrom". La tabla indica algunas constantes espectroscópicas para esos estados (en cm^{-1}).

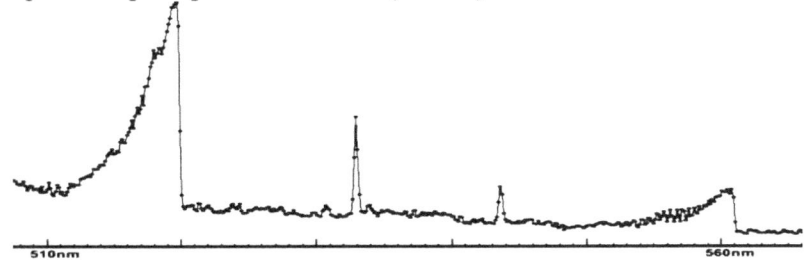

	E_e	$h\nu_e$	$\chi_e h\nu_e$	B_r	α_e
B $^1\Sigma^+$	86 948	2 082	35	1.9612	$26.1\cdot10^{-3}$
A $^1\Pi$	65 047.8	1 515.6	17.25	1.6116	$22.3\cdot10^{-3}$

a) Explicar el significado de los símbolos $B^1\Sigma^+$, $A^1\Pi$, E_e, $h\nu_e$, χ_e h ν_e, B_r y α_e.

b) Determinar la energía del estado vibracional $v=0$ en $B^1\Sigma^+$, y los $v=2,3$ en $A^1\Pi$.

c) Realizar una tabla de Deslandres con los valores del anterior apartado.

d) Con el resultado del apartado anterior, identificar sobre la figura la posición y los números cuánticos v'-v de las bandas observables.

e) Indicar el sentido de degradación de esas bandas, y explicar si es consistente con los valores de la tabla.

f) Determinar qué ramas están presentes en estas bandas y el valor de J en que comienza cada una de ellas.

g) A partir de los resultados del apartado (b), determinar el centro de la banda vibro-rotacional 3-2 del estado electrónico $A^1\Pi$.

h) Explicar si los valores E_e, $h\nu_e$ y B_r dados en la tabla serían iguales, mayores o menores para la molécula $^{14}C^{16}O$.

Solución

(a) En $B^1\Sigma^+$ y $A^1\Pi$; las letras "B" y "A" nombran dos estados electrónicos excitados (el fundamental se representa siempre por X); los "^{1}" indican espín total $S=0$; Σ y Π representan valores $\Lambda=0$ y 1 para la proyección del momento angular total L sobre el eje molecular; y el "+" indica que el estado Σ es simétrico bajo reflexión en un plano que contenga a la molécula.

El resto son constantes: E_e la energía electrónica a la distancia de enlace, $h\nu_e$ la constante vibracional, $\chi_e h\nu_e$ la corrección por anarmonicidad, B_r la constante rotacional, y α_e la corrección por interacción vibración-rotación.

(b) Utilizando $E_v=E_e+\hbar\omega_0(v+1/2)-\hbar\omega_0\beta(v+1/2)^2$ con los valores dados:
$E_0^B=86\,948+2082/2-35/4=87980,25\,cm^{-1}$.
$E_2^A=65\,047,8+1515,6\cdot5/2-17,25(5/2)^2=68728,99\,cm^{-1}$.
$E_3^A=65\,047,8+1515,6\cdot7/2-17,25(7/2)^2=70141,09\,cm^{-1}$.

(c)

$B^1\Sigma^+ \backslash A^1\Pi$	$v=2$	$v=3$	
$v=0$	19 251,26	17 839,16	(cm^{-1})
	519,45	560,56	(nm)

(d) Las dos bandas calculadas son los dos "picos" anchos que aparecen en la figura. El mayor a la izquierda es la banda 0-2, el menor a la derecha es la banda 0-3.

(e) En la figura se aprecia un degradado "hacia el azul", es decir hacia las longitudes de onda cortas que se encuentran a la izquierda. Teniendo en cuenta que $B^{sup}=1,96$ (del B $^1\Sigma^+$) es mayor que $B^{inf}=1,61$ (del A $^1\Pi$) eso es precisamente lo esperable, ya que en sus parábolas de Fortrat $B^{sup}J'(J'+1)-B^{inf}J(J+1)$ ello provocará un término cuadrático positivo que las hará extenderse hacia energías altas.

(f) Puesto que uno de los estados (el A $^1\Pi$) tiene $\Lambda=1\neq0$, están presentes las tres ramas PQR.

El estado inferior es un $^1\Pi$ por lo que tiene momento angular total 1, y J^{inf} toma para él valores 1,2,3,... El estado superior $^1\Sigma$ tiene momento angular total 0, por lo que J^{sup} toma valores 0,1,2,... De ese modo:

Rama P: (transiciones $\Delta J=J^{sup}-J^{inf}=-1$) debe comenzar en $J^{inf}=1$.

Rama Q: (transiciones $\Delta J=J^{sup}-J^{inf}=0$) debe comenzar en $J^{inf}=1$.

Rama P: (transiciones $\Delta J=J^{sup}-J^{inf}=1$) debe comenzar en $J^{inf}=1$.

(g) Esa banda estará centrada aproximadamente en el $\hbar\omega$ del estado A $^1\Pi$, es decir en $1515,6\,cm^{-1}$, aunque incluyendo correcciones por anarmonicidad su posición más exacta es $E_3{}^A-E_2{}^A=1\,412,1\,cm^{-1}$.

(h) $B=\hbar^2/2\mu R^2$ y $\omega_0=\sqrt{(K/\mu)}$ dependen de la masa reducida (en el denominador) de modo que serán algo más pequeños para el isótopo ^{14}C algo más pesado. El resto de parámetros (E_e, R_0, K) vienen dados por la curva de potencial en que se mueven los núcleos, y como ésta es de origen puramente electrostático (en aproximación B-O) no cambiarían.

9.8 La tabla indica en cm^{-1} los parámetros espectroscópicos para dos estados de la molécula Hf S.

	E_e	$\hbar\omega_e$	$\hbar\chi_e\omega_e$	B_r	α_e
X $^1\Sigma$	0	526.85	1.23	0.1336	$4.05 \cdot 10^{-4}$.
E $^1\Pi$	18 363.67	476.44	1.36	0.1275	$4.37 \cdot 10^{-4}$.

a) Determinar la distancia de enlace de la molécula en el estado fundamental (Hf=178.5uma, S=32uma).

b) Explicar en cuál de los estados electrónicos X o E es mayor la distancia de enlace de la molécula.

c) Explicar cómo cambiaría dicha distancia de enlace al sustituir el átomo S por un isótopo más pesado.

d) Explicar si puede emitir esta molécula espectro rotacional puro en su estado electrónico fundamental.

e) Independientemente de la respuesta anterior, indicar qué apariencia tendría dicho espectro en caso de emitirse, y qué separación se observaría entre sus líneas.

Para su espectro vibro-rotacional en el estado X

f) Indicar en qué energía se encontrará centrado, y qué ramas presentará.

Para el espectro electrónico entre los estados X y E (una de cuyas bandas se muestra en la figura)

g) Indicar si cumple las reglas de selección electrónicas.

h) Calcular el origen de esa banda e indicar aproximadamente su posición sobre la figura.

i) Explicar si su sentido de degradación es el esperable a la vista de los datos de la tabla.

j) Explicar si las ramas observadas son las esperables a la vista de los datos de la tabla.

k) Explicar qué valores de J debe presentar la rama P.

(Nota: Ignórense las correcciones por anarmonicidad y por interacción vibración-rotación)

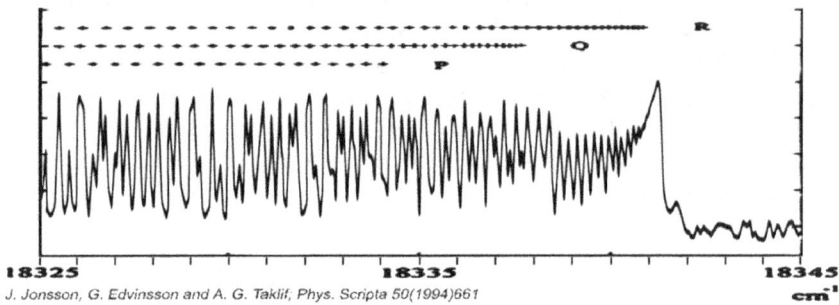

J. Jonsson, G. Edvinsson and A. G. Taklif, Phys. Scripta 50(1994)661

Banda 0-0 para la transición E-X en Hf S

Solución

(a) Basta despejar R de la relación $B=\hbar^2/2I=\hbar^2/2\mu R^2$, primero expresando B y μ en unidades S.I.

$B=0,1336\text{cm}^{-1}=(x1,24\cdot10^{-4}x1,60\cdot10^{-19})=2,65\cdot10^{-24}\text{J}$.

$\mu=(178,5\cdot32)/(178,5+32)=27,1\text{uma}=(x1,66\cdot10^{-27})=4,49\cdot10^{-26}\text{kg}$

$R=\hbar/(2\mu B)^{1/2}=1,06\cdot10^{-34}/(2x4,49\cdot10^{-26}x\,2,65\cdot10^{-24})^{1/2}=2,17\cdot10^{-10}\text{m}=2,17\text{Å}$

(b) Según los datos $B^X>B^E$, por lo que $R^X<R^E$ (dado que $B=\hbar^2/2\mu R^2$)

(c) La distancia de enlace es el punto en que tiene su mínimo la curva de potencial para el movimiento nuclear. Dicha curva es puramente electrostática, independiente de las masas nucleares. Por tanto la distancia de enlace sería la misma.

(d) La molécula es heteronuclear, de modo que con seguridad su momento dipolar no será exactamente nulo y sí emitirá ese tipo de espectro.

(e) Ignorando las pequeñas correcciones por interacción vibración-rotación, esos espectros son una secuencia de líneas equidistantes separadas $2B^X=0,2672\text{cm}^{-1}$.

(f) Esos espectros se encuentran centrados en $\hbar\omega_0$ (=526,85cm^{-1} en este caso). Dado que $\Lambda=0$ no aparecerá la rama Q y sólo presentará ramas P y R.

(g) Cumple $\Delta\Lambda=0,\pm1$ dado que pasamos $\Sigma\leftrightarrow\Pi$. También cumple $\Delta S=0$.

(h) Utilizando $E_v=E_e+\hbar\omega_0(v+1/2)-\hbar\omega_0\beta(v+1/2)^2$ con $v=0$ en ambos estados resulta

$E_0^X=0+526,85/2-1,23/4=263,12\text{cm}^{-1}$.

$E_0^E=18\,363,67+476.44/2-1.36/4=18\,601,55\text{ cm}^{-1}$.

de modo que el origen de la banda se está $E_0^E - E_0^X = 18\,338,43\ cm^{-1}$. En la figura, ese punto está un poco a la izquierda de la letra "Q".

(i) Según los datos $B^X > B^E$, por lo que los términos cuadráticos en $B^{sup}J'(J'+1) - B^{inf}J(J+1)$ serán negativos, dando lugar a una parábola de Fortrat que se extiende hacia energías bajas, y por ello el sentido de degradación hacia energías bajas es el esperado..

(j) Uno de los estados (el excitado) tiene $\Lambda = 1 \neq 0$, por lo que efectivamente están presentes las tres ramas PQR.

(k) El estado inferior es un $^1\Sigma$ por lo que tiene momento angular total 0, y J^{inf} toma para él valores 0,1,2,... El estado superior $^1\Pi$ tiene momento angular total 1, por lo que J^{sup} toma valores 1,2,3,... La rama P está formada por las transiciones entre ellos con $\Delta J = J^{sup} - J^{inf} = -1$, de modo que la primera posible es la de $J^{inf} = 2$. En consecuencia los valores de J (inferior por convenio) en esa rama serán 2,3,4,...

10 Nociones sobre moléculas poliatómicas

10.1 Para la molécula de Benceno (C_6H_6 hexagonal), explicar
  a) Cuántas constantes rotacionales se necesitan para describir la energía de sus estados rotacionales.
  b) Cuántos modos normales de vibración tiene.
  c) ¿Es ópticamente activo el modo en que cada H se acerca a su C mientras el anillo de C se expande?

Solución
(a) Es un "trompo simétrico" (con eje de orden 6). Por ello sólo tendrá dos constantes rotacionales.
(b) Al no ser lineal, el número de modos será 3x12(átomos)-3-3=30.
(c) Esa forma de deformarse mantiene su simetría, de modo que no aparece momento dipolar, y por tanto ese modo no será ópticament activo.

10.2 Para cada una de las moléculas FH, OH_2, NH_3 y CH_4 explicar cuántas constantes rotacionales son necesarias para describir sus niveles de energía rotacional. Indicar cuáles de ellas emiten espectros rotacionales puros.

Solución
FH es lineal, tiene una única constante rotacional. H_2O es un trompo asimétrico por lo que tiene tres constantes rotacionales. NH_3 es una pirámide con un eje de orden 3, por lo que es un trompo simétrico con sólo dos constantes rotacionales. CH_4 es una pirámide con más de un eje de simetría de orden tres, de modo que es un trompo esférico con una única constante rotacional.
Las tres primeras tienen momento dipolar permanente (por ser heteronucleares con sus átomos colocados sin simetría), de modo que emiten espectros rotacionales puros. La última (CH_4) no tiene momento dipolar permanente (por su simetría) de modo que no puede emitir ese tipo de espectros.

10.3 En la molécula de ciclo-propano (C_3H_6) los tres carbonos forman un triángulo equilátero, con dos hidrógenos cada uno colocados según muestra la figura.

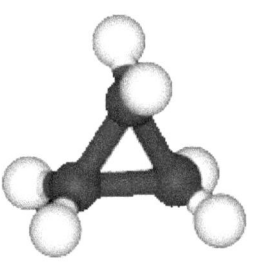

 a) Determinar cuántos modos normales de vibración tiene esta molécula.
 b) Determinar cuántas constantes rotacionales son necesarias para describir sus estados de rotación.

Solución

(a) Por tener 9 átomos y no ser lineal, tendrá 9x3-3-3=21 modos normales (varios de los cuales probablemente sean iguales salvo simetrías).

(b) Tiene un único eje de simetría de orden tres (perpendicular al triángulo equilátero que forman los tres C), por lo que es un trompo simétrico y tendrá dos constantes rotacionales (el resto de ejes de simetría son sólo de orden dos).